[英]大卫·斯夸尔 著
（Daved Squire）

徐黄兆 译

垂直花园

庭院藤蔓植物 选择与造景

中国水利水电出版社
www.waterpub.com.cn

内 容 提 要

想在园艺方面大施拳脚却受困于空间不足？藤蔓植物和墙面灌木是大自然展现"垂直"园艺艺术的直接体现。本书以藤蔓月季和蔓生月季为主，详细介绍了多种多样的藤蔓植物和墙面灌木，为读者提供了挑选、种植和修剪造型等方面的指导。翻开本书，找到让狭小庭院变身成令人惊叹的垂直花园的方法吧。本书将会是你园艺书苑中不可或缺的一本工具书。

北京市版权局著作权合同登记号：图字 01-2020-3008 号

Original English Language Edition Copyright © **Home Gardener's Specialist Climbing Plants**
Fox Chapel Publishing Inc. All rights reserved.
Translation into SIMPLIFIED CHINESE Copyright © [2021] by
CHINA WATER & POWER PRESS, All rights reserved. Published under license.

图书在版编目（CIP）数据

垂直花园 ：庭院藤蔓植物选择与造景 ／（英）大卫
• 斯夸尔著 ；徐黄兆译. -- 北京 ：中国水利水电出版
社，2021.10
 （庭要素）
 书名原文：Home Gardener's Specialist Climbing
Plants
 ISBN 978-7-5170-9969-7

 Ⅰ．①垂… Ⅱ．①大… ②徐… Ⅲ．①庭院－攀缘植
物－景观设计 Ⅳ．①TU986.2

 中国版本图书馆CIP数据核字(2021)第189383号

策划编辑：庄 晨　　　　责任编辑：王开云　　　　封面设计：梁 燕

书　　名	垂直花园——庭院藤蔓植物选择与造景（庭要素） CHUIZHI HUAYUAN——TINGYUAN TENGWAN ZHIWU XUANZE YU ZAOJING
作　　者	［英］大卫·斯夸尔（David Squire）　徐黄兆　译
出版发行	中国水利水电出版社 （北京市海淀区玉渊潭南路 1 号 D 座 100038） 网址：www.waterpub.com.cn E-mail：mchannel@263.net（万水） 　　　　sales@waterpub.com.cn 电话：(010) 68367658（营销中心）、82562819（万水）
经　　售	全国各地新华书店和相关出版物销售网点
排　　版	北京万水电子信息有限公司
印　　刷	天津联城印刷有限公司
规　　格	210mm×285mm　16 开本　5 印张　119 千字
版　　次	2021 年 10 月第 1 版　2021 年 10 月第 1 次印刷
定　　价	59.90 元

目　录

前 言

　　藤蔓植物和墙面灌木是大自然对"垂直"园艺学的馈赠。它们的品种非常丰富，有些类型会依附到参天大树上茁壮地向上攀爬；有些则比较低调，偏爱覆满网格和墙面；还有的偏安于盆器之中。很多藤蔓植物和墙面灌木会开出美丽的花朵，还有些拥有引人注目的叶片。在观叶类型中，既有斑驳变化的杂色型，也有在进入秋天之前绚烂换装的变色型。另外还有浆果类灌木，它们大多极其耐寒，非常适合在冬天装点冰冷而光秃的墙面。

　　这本包罗万象的工具书对藤蔓月季和蔓生月季做了详细介绍，它们中的很多成员都会散发出浓郁且多变的芳香。除了月季外，本书中也介绍了苹果、树莓、橘树、麝香沟酸浆、丁香和没药等芳香类植物。

　　本书实用且内容丰富，它不仅详实介绍了多种多样的藤蔓植物和墙面灌木的基本信息，还提供了如何选择、种植和养护等方面的参考。

　　正确购买和种植植物是成功美化庭院的关键一环。倘若若干年以后，当初选择的藤蔓植物或墙面灌木长得太过茂盛，亦或不够覆盖拱门或棚架，那不免会令人心生失望。有了本书的大力襄助，你的垂直园艺肯定能迈向成功。本书会是你园艺书苑中不可或缺的一本工具书。

季节

　　在本书中，作者给出了很多建议，包括管理藤蔓植物和墙面灌木的最佳时机，以及植物开花或者结果的时节。由于气候和气温的区域性乃至全球性差异，书中以春夏秋冬为时序，然后再将每个季节细分为"初""中""晚"，例如，春季包括初春、中春和晚春。一年的这12个时段可大致对应你所在地区的日历月份，希望对你能有所帮助。

度量衡

本书采用了公制单位——例如，1.8m。

藤蔓植物和墙面灌木

很多藤蔓植物和墙面灌木都可以为庭院营造出绚丽夺目的景色来。它们既可以用于遮挡低垣高墙，也能用来装扮藤架拱门。除了提供覆盖和遮蔽的功能外，有些植物，譬如某些大叶常春藤，亦是为地被增添色彩的理想选择。藤蔓植物包括一年生和多年生的草本植物，以及寿命更长的木本植物。它们有些常绿，也有些会落叶。

为何要种这类植物?

什么是藤蔓植物?

多年生木本藤蔓植物 很多藤蔓植物都属于多年生的木本植物，一旦种下，就会成为庭院里永久性景观。

常绿藤蔓植物 常绿藤蔓植物一年四季都保留着叶片，即便剪掉一些后又会长出新的，总是会表现出"常青"状态。

落叶藤蔓植物 落叶藤蔓植物的叶片在秋季或初冬会掉落，春季又会长出大量新叶，显得格外迷人。

一年生藤蔓植物 有些藤蔓植物是一年生的。它们从春季播种后发芽（温室播种或花期直接移栽亦可），随后在一年内生长、开花和死亡。

草本藤蔓植物 只有少数藤蔓植物属于草本，它们的特点是地表之上所有的茎叶在秋天都会枯死，第二年春天又会长出新的茎叶。

什么是墙面灌木?

多年生木本墙面灌木 多年生木本墙面灌木一旦种下，就会成为庭院的长久性景观。有些可以种在庭院边界区域，但靠墙种植则能充分发挥它们利用空间的能力，非常适合种在小型庭院里。

浆果类灌木为墙面提供了一种别具一格的装饰选择。

常绿墙面灌木 常绿墙面灌木整年常青，叶片脱落一些又会长出新的来。但在寒冷地区，有些常绿墙面灌木的叶片会部分或全部掉落。

落叶墙面灌木 落叶墙面灌木在秋天会落叶，春季再长出大量新叶。

庭院里种植墙面灌木有哪些用途?

墙面灌木拥有多彩的叶片和花朵，非常适合美化墙面；有些植物还会结出诱人的浆果，其中一些品种的果实甚至能挂到晚冬时节。在有些庭院里，墙和道路之间只有很小的空间，要美化这样的墙面，种植墙面灌木就非常实用。

月季

什么是蔓生月季（rambling rose）? 蔓生月季花朵较小，大量簇集。花期通常为一年中的某一段时间，但非常具有吸引力。

什么是藤蔓月季（climbing rose）? 相比蔓生月季，藤蔓月季拥有更大的花朵，植株单生或小群聚生，第一次花期结束以后，通常具有重复开花的能力。

什么是月季造型花柱（pillar rose）? 很多藤蔓月季都可以利用其特性攀爬造型支架，打造独特景观。这种支架一般就是粗糙的木杆，约2.1～2.4m高。最简单的造型就是用木杆撑起一个三脚架。

被浓密月季包裹着的三脚架立在庭院里，形成了让人眼前一亮的优美景观。

藤蔓植物的分类

藤蔓植物的种类多吗?

无论庭院的大小和风格如何,都有很多合适的藤蔓植物和墙面灌木可以丰富庭院。有些适用性强且用途广泛的植物能开出大量华美的花朵;也有些长有斑纹或单色的独特叶片,它们到了秋天就会染上艳丽而活泼的色彩;还有些植物可以结出鲜艳的浆果或富有吸引力的种穗,为秋天和初冬增添一抹亮色。

关键特质

在选择藤蔓植物或墙面灌木时,除了美观外,还有很多要考虑的方面。

- 选择的植物不应生长过快而超出合理范围,侵占邻近植物的生存空间。在"藤蔓植物和墙面灌木一览"(详见 26 ~ 41 页)一章中,我们介绍了每种植物大致的生长高度和伸展面积。不过需要记住的是,藤蔓植物具有环境适应性,如果某侧留下了足够的空间,它会更倾向于利用这些空间生长,而不是向上攀爬。
- 一定要购买品质良好,可抗病虫害的植株(详见 12 ~ 13 页了解购买知识,78 ~ 79 页了解病虫害知识)。
- 确认所需的支架类型。有些藤蔓植物属于自我支撑型,还有些需要搭框架来支撑其蔓生的部分。有些品种可以攀爬至树上或覆被着枯树桩生长。要了解更多关于攀爬方式的知识,可参考 14 ~ 15 页。

花卉类	单色叶类	杂色叶类
鲜艳的花朵总是能获得关注,有些藤蔓植物如绣球藤就拥有大量的独生花朵,也有些品种花朵为簇生;紫藤的花朵天生具有下垂的特性,因此看起来特别壮观。很多花卉都散发香气,具体介绍详见 60 ~ 61 页。香氛月季的品种介绍详见 62 ~ 63 页。	带有彩色叶片的藤蔓植物选择面非常广泛,其中包括一些单色品种,譬如草本的"黄叶"啤酒花,它每年都会长出新叶。"金黄"素方花属于耐寒的落叶植物,它的叶片上有乳黄色的斑点,而且中夏时节会开出芬芳的白色花朵。	杂色叶类的藤蔓植物引人注目,显眼的多彩叶片可以用于装饰墙面。还有一些品种譬如"黄斑叶"忍冬虽长有绿色叶片,但顺着叶脉部分呈现出显眼的黄色,非常漂亮。也有一些藤蔓植物可以作为地被植物种植,为地面增添美丽的色彩(详见 36 ~ 37 页)。

很多铁线莲属的植物以及大花型植物都非常适合种在小庭院里,它们丰富的色彩搭配可以满足所有的喜好(详见 28 ~ 30 页)。

"黄叶"啤酒花属于草本类,叶片有五裂,边缘呈粗锯齿状,亮黄绿色。它们可以用来打造成亮眼的屏风。

杂色的"硫磺心"大叶常春藤很快就能长成一片美丽的屏风。它的叶片上具有浅色的斑纹,也非常适合作为地被植物来种植。

奇妙的组合

对比	融合

我们可以通过将藤蔓植物和墙面灌木种在具有对比色的墙壁之前，进一步强化它们的美感。例如，一面白墙就非常适合用来衬托红色、绯红或黄色的花朵。灰石墙和红砖墙的色彩搭配方案在64页详细介绍。通过背景来强化藤蔓植物的视觉效果，是非常值得一试的。

聚生是让花朵、叶片和浆果形成和谐搭配的最佳方式。如果想利用藤蔓植物和墙面灌木，以及藤蔓月季和蔓生月季构造出富有魅力的植物群落，可翻看64～69页。这些植物群落既易于打造，效果又非常奇妙。

藤蔓植物都耐寒吗?

很多藤蔓植物都能忍受冬天的霜冻，在炎热的夏季也能旺盛生长。像常春藤这样的常绿藤蔓植物异常耐寒；很多落叶植物也很抗寒。每种藤蔓植物耐寒程度在"藤蔓植物和墙面灌木一览"（26～49页）有详细说明。

墙面灌木都耐寒吗?

墙面灌木的耐寒程度各异，其中既有易受霜冻伤害的红萼苘麻，也有对于冬季适应能力很强的火棘属和平枝枸子。在选择墙面灌木之前，可参考26～49页给出的相关信息。切勿冒险将不耐霜冻的灌木种在冷冰冰的墙根处。

秋色类

秋天变色的叶片和夏花一样，既充满生机又引人注目。很多树和灌木都以秋季赏叶而闻名，但就美观程度而言，很少有植物能超越藤蔓植物，譬如五叶地锦（通常被称为美国红葡萄藤或五叶红葡萄藤）。还有很多其他品类，详见38～39页。

浆果类

有些藤蔓植物结有诱人的浆果，不过相比诸如火棘属的某些品种和平枝枸子这些墙面灌木来说，则有些相形见绌了。火棘的浆果有红色也有黄色，想了解该如何进行美观的背景色搭配，详见64页。

种穗类

很多开花的藤蔓植物在花朵凋谢后都会结出引人注目的种穗，营造出令人难忘的视觉效果。有些种穗会保留到冬天，当被霜冻所覆盖时，它们会显得尤为迷人。不少铁线莲属的植物可以结出美丽的种穗，但其中最知名的当属白藤铁线莲，详见41页。

五叶地锦是一种富有朝气的落叶藤蔓植物，其叶片在秋天会染上大红色和橙色，极富视觉冲击力。

平枝枸子的叶片小而绿，油亮有光泽，再加上可结出浆果，因此是用来装饰墙壁的理想选择。

白藤铁线莲是一种适合种在乡村风庭院里的蔓生藤蔓植物，秋天会结出闪闪发光的丝状种穗，且会一直保留到冬季。

藤蔓植物的区域搭配

如何运用这些植物?

藤蔓植物和墙面灌木用途丰富,它们的花朵和多彩的叶片可以用来装扮墙壁和栅栏,也能与凉亭、藤架和拱门结合。有些藤蔓植物通过定向培植可长成树篱,遮掩枯死的树桩或者美化树干。藤蔓月季和蔓生月季同样用途广泛,它们不仅可攀爬藤架以及设计成造型花柱,还能长成乔木。在寒冷或日照强烈的环境下,它们也可用来装饰墙面。

藤蔓植物的区域搭配

藤蔓植物用途广泛,其运用方式多种多样。但该如何利用这些植物来美化庭院呢?是用它们来装饰墙壁,还是沿框架生长开出一扇遮挡邻居庭院的屏风,或用于遮盖诸如垃圾桶或堆肥箱等庭院里不雅观的存在呢?关于这些问题,下面我们都将一一解答。

装饰墙壁

↗ 开花和彩叶类的藤蔓植物可用来装饰墙面。有些藤蔓植物属于自支撑型,但其他类型的植物就需要一个靠墙的框架来提供支撑(详见 14 ~ 15 页的搭支架内容)。

藤架

↗ 无论是简易型还是规整型的藤架都是藤蔓植物理想的安顿之所,它们特别适合架起那些会开出一长串芬芳花朵的植物,譬如紫藤(详见52 页)。

拱门

↙ 无论是金属框成的雅致拱门,还是粗糙木材打造的普通拱门,它们都为开花和多叶的藤蔓植物创造了一个绝好的安身之处。

自立屏风

↗ 方形或菱形的棚架格板固定在间距约1.8m 的一排立柱上,当藤蔓植物的叶片覆满了框架时,就形成了一扇防窥视的屏风(详见 55 页)。

攀至树上

↙ 有不少生长旺盛的开花藤蔓植物会攀爬至附近的树上,它们共同形成了引人注目的独特景观(详见56 页)。

树桩

↘ 老树砍伐以后,地上留下的树桩要想挖起来费时又费力,不如在旁边种上一株藤蔓植物,既能遮盖树桩,又营造出了一处迷人的景观。

凉亭

↙ 覆盖着芬芳花朵的凉亭无疑是庭院里最独特的风景线。记得在凉亭里放一张可坐两个人的椅子或长凳(详见 54 页)。

树篱

↗ 无论是依附到灌木上,还是攀爬在铁围栏上,很多藤蔓植物可以打造出极具特色的篱笆墙(详见 74 页)。

墙面灌木的运用方式和地点

很多灌木都可以种在墙边，不过它们都需要有分层的网格框架或棚架来提供支撑。在生长初期，很多墙面灌木不需要支撑，但到了后期，也就是说等它们长大到可能会被一场大雪压塌时，支撑框架就必不可少了。

墙壁

↑ 很多灌木都非常适合倚墙而种，柔弱型的品种种在墙边既不会受到风吹日晒，又可以用来装饰冷冰冰的墙面（详见 50 页）。

屏风

↑ 就像藤蔓植物可以形成自立屏风一样，很多墙面灌木也可以用来做屏风。不过，在寒冷地区，只能种植耐霜冻的品种（详见 55 页）。

藤蔓月季和蔓生月季的运用方式和地点

藤蔓月季和蔓生月季无法形成像其他藤蔓植物或墙面灌木那样浓密的叶丛，但它们绚丽的花朵弥补了这点不足。从装饰墙壁和藤架到打造造型花柱，庭院里运用月季的方式有很多。很多品种的月季也非常适合用来掩盖高树桩或攀爬至树上。

墙壁

↗ 倚墙种植月季的方法由来已久，种在墙边的月季会给夏天带来缤纷的色彩。总体而言，藤蔓月季比蔓生月季更适合种在墙边（详见 50 页）。

造型柱

↙↘ 藤蔓月季和蔓生月季都可以通过攀爬到三脚架或其他形状的支架上，为庭院增添光彩（详见 52 页）。相比蔓生月季，藤蔓品种更方便修剪。

拱门和藤架

↗ 蔓生月季拥有柔韧的茎干，经过塑形后是装饰拱门和藤架的理想选择。不过，和藤蔓月季不同的是，蔓生月季通常不会多次重复开花（详见 53 页）。

枯树桩

↘ 如果枯死的树桩既稳固又没有被月季重量压垮的风险，那就可以用月季来进行装扮（详见 57 页）。

树木

↓ 藤蔓月季和蔓生月季都可以长到树上，但前提是它们的生长势头旺盛。一旦成形，按照这种方式生长的月季几乎不需要操心（详见 57 页）。

季节性展示

**你能享受到
多彩四季吗?**

通过栽种各种不同的藤蔓植物和墙面灌木,我们可以让墙壁、拱门和棚架一年四季都洋溢着缤纷的色彩。有些植物拥有颜色艳丽的花朵,另外一些植物则长有浓密且有斑纹的树叶,更多植物特征可翻阅"藤蔓植物和墙面灌木一览"(26 ~ 41 页),以及"藤蔓月季和蔓生月季一览"(42 ~ 49 页),从中我们可以挑选出很多植物。在下文中,我们按顺序罗列出了不同季节适合栽种的藤蔓植物和墙面灌木。

四季美景

虽然藤蔓植物和墙面灌木植物选择范围颇为广泛,但近几年来,有几种植物渐渐脱颖而出,成为了藤蔓植物和墙面灌木的主流选择。我们大家都有自己珍爱的品种,下面的图例列出了几种仅供参考。

在决定选择种什么植物之前,可以先考虑一下自己希望看到什么景色,花、叶、浆果还是种穗?我们的选择面非常丰富,有些植物具有双重功能,譬如长瓣铁线莲、绣球藤和东方铁线莲,它们既能开出花朵,也有引人注目的种穗。

浆果类墙面灌木属于另一类选择,其中最推荐火棘属和平枝栒子,它们都是装饰矮墙的理想材料。其中有些品种足够耐寒,在冬天亦可进行华丽的展示。

| 春季 | | 夏季 | |

↗ 晚春和初夏:绣球藤
(详见 29 页)

↗ 晚春和初夏:多花紫藤(详见 32 页)

↗ 初夏至晚夏:西番莲
(详见 32 页)

↗ 初夏至晚夏:皱波花茄(详见 32 页)

更多春季最爱

- 翅果连翘,晚冬至中春——详见 26 页
- 红萼苘麻,晚春至初秋——详见 26 页
- "匍匐"聚花美洲茶,晚春至初夏——详见 27 页
- 丝缨花,赏柔荑花序,晚冬至早春——详见 31 页
- 紫藤,晚春至初夏——详见 33 页

更多夏季最爱

- 木银莲,初夏至中夏——详见 27 页
- 铁线莲属大花杂交种,夏季——详见 29 页
- 金毛铁线莲,初夏至中夏——详见 28 页
- 阿特拉斯金雀,初夏——详见 30 页
- 棉绒树,整个夏季至初秋——详见 30 页
- 忍冬,初夏至秋季——详见 31 页
- 盘叶忍冬,初夏和中夏——详见 32 页
- 络石,中夏和晚夏——详见 33 页

全年赏叶

长有美丽斑叶的常绿藤蔓植物会为四季增色添彩，尤其是在新叶刚开始露头的晚春、初夏时节。很多小叶和大叶的常春藤属都长有斑驳的叶片，它们可以沿着墙面以及架立的棚架向上生长（第 36 ～ 37 页内容可获取此类藤蔓植物的详细介绍）。

火棘属属于耐寒的常绿灌木，适合倚墙种植，它们的叶片被霜雪覆盖以后显得格外

迷人。如果挂有浆果，那这些颜色鲜艳的浆果在白雪的映衬下更显妖娆（详见41页）。

叶片小而斑驳的"金心"洋常春藤向来是众人眼中的一道靓丽风景。

倚墙庇护

很多庭院灌木通常要种在边缘区域，这样才能得到墙壁的遮蔽与支撑，尤其是那些在晚春或晚夏开花的品种。广受欢迎的连翘便是一例，它在春天会开出成簇的亮黄色花朵，花期长达一个月。"重瓣"的棣棠花也是如此，如果安置得当，它会在中春和晚春之间开花，其花朵为重瓣、黄色，花形比连翘更美。如果想欣赏更大的花朵，不妨试试偏柔弱的荷花玉兰，它很适合靠墙种植，其乳白色的巨大花朵会从中夏一直开到晚夏乃至初秋时节。

秋季 / 冬季

↗ 秋季赏叶：花叶地锦（详见 38 页）　↗ 秋季赏叶：紫叶葡萄（详见 39 页）　↗ 红色浆果：平枝栒子（详见 41 页）　↗ 亮黄浆果："黄花"薄叶火棘（详见 41 页）

更多秋季最爱

- 南蛇藤，赏彩色叶——详见 38 页
- 东方铁线莲，赏种穗——详见 41 页
- 白藤铁线莲，赏种穗——详见 41 页
- 五叶地锦，赏彩色叶——详见 38 页
- 地锦，赏彩色叶——详见 39 页
- 紫葛葡萄，赏彩色叶——详见 39 页

更多冬季最爱

- 蜡梅，赏花朵，中冬和晚冬——详见 28 页
- "马伦戈的光荣"加拿利常春藤，赏彩色叶——详见 36 页
- "金边"大叶常春藤，赏彩色叶——详见 37 页
- "硫磺心"大叶常春藤，赏彩色叶——详见 37 页
- "金心"洋常春藤，赏彩色叶——详见 37 页
- 迎春花，赏花朵，晚秋至晚春——详见 31 页

秋季天气

秋叶鲜艳的色彩是由低温和干燥的土壤所促成的。气温骤降会刺激树叶展示出这些美丽的颜色。

藤蔓植物或墙面灌木的购买事项

如何选购植株?

购买多年生木本藤蔓植物时，通常要选择适合容器栽培的植株，因为这样能保证植株在生长时，其根系互不干扰。半耐寒的一年生藤蔓植物（详见 34 ~ 35 页）通常可以购买已在花盆中生长成形的植株。在购买之前，一定要检查植株的健康情况，确保培养土潮湿但不会积水。

选择和购买

可容器栽培植物

此类植物是在容器里就可定植和健康生长的，买来就可以种在预留的栽培位置。我们一年四季都能买到这样的植物，只要土壤条件尚可，天气不至于太过寒冷，它们都可以成活。不过，这类植物大多是在春天和初夏出售。

检查要点

确保培养土的表面没有覆盖青苔，植株的大多数根系也没有从容器底部的排水孔伸出来。藤蔓植物应当支撑和固定良好（但不能勒得过紧），墙面灌木不拥挤或枝丫交错。在决定购买之前，我们需要从各个角度检查植株。

健康的叶片、茎干和生长顶端

健康的花朵和花蕾，没有病虫害困扰

干净的花盆，没有污物和苔藓

根须没有从容器底部的排水孔伸出来

在购买藤蔓植物之前，需要检查植株、培养土和花盆。如果有苔藓、藻类或者根部挤在一起，表明养护不当。

提供保护

当较为柔嫩的藤蔓植物或墙面灌木种下以后，寒风可能会在植株未扎根定型之前损伤其叶片。我们可以在迎风一侧设置屏风来为植物提供临时保护，譬如在一块浸塑的铁丝网中间填上稻草，然后垂直固定在两根粗壮的木桩之间，这样屏风就做好了。

何时购买

尽管容器栽培的植株在一年中的任何时间都能买到，但春季和初夏才是最佳的购买时机，这样赶在秋季天气变冷之前，植株会拥有一段充足的生长时间，得以扎根定型。在预留好栽培和生长的位置设置好支撑框架以后，再去购买植株。

方位和朝向

墙面灌木最吸引人的一面必须面对庭院，这一点非常关键。如果灌木正面的某些部分比较凌乱，不妨将不雅观的枝干砍掉。修剪那些背向和朝向墙壁生长得太过旺盛的枝条也很有必要。

藤蔓植物通常没有朝向问题，但如果枝桠上开出了一些花朵，不妨调整下花朵位置，让它展现出最美的一面。

如果植物买来以后还要等上一段时间再种，那就要将它临时安置在背风且排水良好的位置，正面朝外，向着光线。

何处购买植物

必须从信誉良好的供货商那里购买盆栽植物，这样才能保证植株拥有健康的根系。廉价孱弱的藤蔓植物或墙面灌木极少能长成可供多年观赏的漂亮植株。

- 园艺商店：园艺商店主要出售盆栽植物，包括藤蔓植物的墙面灌木。检视一下商店环境和植物状态，如果店内看起来疏于打理，店家态度敷衍，那说明这家店出售的植物很可能品质一般。
- 苗圃：除了盆栽植物外，苗圃也出售裸根植物。有些苗圃专门培育铁线莲之类的特定品种。

将植物搬回家

要确保将植物安全接到家，就不要在途中带上小孩或宠物狗。为购买植物专门安排时间，而不是在采购其他物品时"顺手"购买。另外记住，在运输途中要避免颠簸和强烈的阳光直射。

栽培藤蔓植物或墙面灌木

种前准备

提前几个月翻松土壤，混合大量已分解的园艺培养土或熟成的有机肥。清理杂草，注意一点草根都不要留下。栽培之前约一个星期（棚架之类的支撑物已经搭好就绪），用水将周围的大片土壤浇透。浇水非常重要，因为靠近墙根处的土壤非常干燥。

↗ 彻底翻耕土地对于确保植物快速扎根和健康生长非常关键。

打理植株

在将盆栽的藤蔓植物或墙面灌木移栽的前一天，将容器连同植株放在排水良好的地方，大量浇水。如果土是干燥的，水分会很快从排水孔中流出，此时可继续浇灌。如果植株已经长出了凌乱的枝条，可以使用锋利的修枝剪从枝条的生长原点或健康叶芽的上方修剪。

↗ 在移植盆栽藤蔓植物或墙面灌木的前一天，必须浇透土壤。

移栽藤蔓植物或墙面灌木

确认植株的摆向，尽量使花朵朝向外侧

确保植株呈笔直状态

根团顶部比土坑的表面稍低一些

将松散的土壤填在根团周围并压实

等到预留位置的土壤表面变干以后，就可以开始移栽植株。如果土壤太湿时移栽，土壤的结构就会被破坏，移栽也会变得困难。

● 挖一个坑，深度足以容纳根团，半径约为 30 ~ 45cm。再向栽植坑中加入腐殖质园艺土。

● 在坑的底部堆出一个小土堆并压实，将植株从容器中取出，将根团置于坑内。确保植株最美观的一侧朝向外面。根团顶部比土坑的表面应当稍低一些。

● 将松散的土壤慢慢填在根团周围，分层加固，不要一次性压实。当填充到与地表齐平时，将表层土耙松。最后将表层土按压成坑，让浇水的时候形成水洼。

↖ 想让藤蔓植物或墙面灌木在庭院中茁壮成长、魅力永驻，细致周到的移栽过程是第一步。

浇水

移栽完成以后，需要给藤蔓植物架一根支杆用于引导其嫩芽向着棚架或其他支撑物攀爬。慢慢用水浇透土壤表层，达到下层土壤潮湿但不会积水的程度。

↗ 浇透土壤，但不能冲散表层土。可使用带莲蓬喷嘴的洒水壶。

覆盖土壤

浇过水以后，在围绕着植株 45 ~ 60cm 的范围内，覆盖上 5 ~ 7.5cm 厚的腐殖质园艺土。确保覆盖的园艺土没有埋住植株的茎干。覆盖层可以保持土壤湿润和凉爽，亦可防止杂草生长。

↗ 在植株周围铺设覆盖层可避免杂草生长，有助于保持土壤中的水分。

藤蔓植物的支撑

所有的藤蔓植物都需要支撑吗?

很多藤蔓植物属于自支撑型，也有一些需要借助棚架或其他支撑框架才能向上攀爬。但植物种植的位置也是决定是否要支架的原因之一。举例来说，像常春藤这样的藤蔓植物可以自支撑，能很快爬满墙壁；但是当长到足以将庭院的区域间隔开或者希望能形成一扇防窥视的屏风时，就需要给它架一个牢固的自立棚架。下文介绍了一些针对藤蔓植物攀爬习性的支撑实例。

攀爬习性

不同藤蔓植物的生长习性导致需要不同类型的支撑物来支撑其茎干和花朵。藤蔓植物的攀爬性可总结为 4 种主要类型。

倚靠型藤蔓植物

迎春花

这类藤蔓植物没有肉眼可见的攀爬结构，在野外，它们通常倚靠在支撑物上，或借助附近的植物向上生长。在庭院中生长的小型倚靠类藤蔓植物，可以通过支撑框架来获得倚靠和固定作用。对于高大且生长迅速的倚靠型植物，最好的方法是让它们通过攀爬树木和大型灌木生长。倚靠型藤蔓植物包括：

- 红萼苘麻（详见 26 页）
- 红珊藤（详见 27 页）
- 迎春花（详见 31 页）
- 月季，藤蔓类型（详见 42 ~ 49 页）
- 皱波花茄（详见 32 页）

自支撑型藤蔓植物

"金边" 大叶常春藤

这些藤蔓植物会利用气生根或吸根顺着墙壁和树木向上攀爬，不过要想利用它们打造阻挡视线的屏风时，我们就必须得设置牢固的棚架。这一类的植物包括：

- "马伦戈的光荣" 加拿利常春藤（详见 36 页）
- "金边" 大叶常春藤（详见 37 页）
- "硫磺心" 大叶常春藤（详见 37 页）
- "金心" 洋常春藤（详见 37 页），也被称之为 "博利亚斯科金" 洋常春藤
- 冠盖绣球亚种（详见 31 页）
- 花叶地锦（详见 38 页）
- 五叶地锦（详见 38 页）
- 地锦（详见 39 页）
- "维氏" 地锦（详见 39 页）

长有卷须或缠绕叶柄的藤蔓植物

西番莲

在野外，这些植物需要利用卷须或叶柄来缠绕长有细枝的寄主。而在庭院里，我们可以通过设置棚架或其他框架结构来给予它们良好的支撑。这类植物包括：

- 铁线莲属大花杂交种（详见 29 ~ 30 页）
- "弗朗西斯·里维斯" 铁线莲（详见 28 页）
- 小木通（详见 28 页）
- 金毛铁线莲（详见 28 页）
- 火焰铁线莲（详见 28 页）
- 长瓣铁线莲（详见 29 页）
- 绣球藤（详见 29 页）
- 东方铁线莲（详见 29 页）
- 甘青铁线莲（详见 30 页）
- 香豌豆（详见 35 页）
- 西番莲（详见 32 页）

缠绕型藤蔓植物

"黄叶" 啤酒花

在野外，这些藤蔓植物通过缠绕在邻近的植物上获得支撑。但在庭院里，最好的做法是为它们提供一个支撑框架。此类藤蔓植物包括：

- 中华猕猴桃（详见 36 页），也被称之为美味猕猴桃
- 狗枣猕猴桃（详见 36 页）
- 木通（详见 26 页）
- "黄叶" 啤酒花（详见 37 页）
- 素方花（详见 31 页）
- 忍冬（详见 31 页）
- "比利时" 香忍冬（详见 32 页）
- "瑟诺" 香忍冬（详见 32 页）
- 盘叶忍冬（详见 32 页）
- 星茄藤（详见 32 页），也被称之为素馨叶白英
- 多花紫藤（详见 33 页）
- 紫藤（详见 33 页）

用棚架提供支撑

有些藤蔓植物属于自支撑型，它们可以沿墙壁向上攀爬，或者与其他植物缠绕在一起生长，但大多数种在庭院里的藤蔓植物都需要牢固持久的棚架来支撑。将棚架安装在墙面上，或者搭建一个自立棚架起到庭院分区或遮挡的作用，这是提供支撑的两种最主要方式。下文中对这两种方式都进行了图解和说明。有些棚架上有方形孔，还有些是菱形或其他更为不规则的形状，无论是规整式还是非规整式，只要契合庭院的风格即可。

钉墙棚架

这是一种将棚架固定在墙上的支撑方法，固定前要检查墙壁的砌砖是否足够牢固，能否承受棚架和成熟植株加在一起的重量。如果墙壁上镶有小石头，而且上过颜色，则更要确保墙壁的稳固性。如果可以的话，最好事先把整面墙都粉刷一遍。

1 在棚架的每个角各钻一个孔，方便将棚架固定在墙上。

2 调整棚架的位置，用水平尺（木工水平尺）来确保位置水平。在墙上标记出钻孔的位置。

3 用电钻钻出约6cm深的孔。插入墙面固定的螺栓；螺栓末端应当与墙面齐平。

4 放置好棚架；利用镀锌螺丝将其固定住。墙面和棚架之间可以留2.5cm宽的空隙。

自立棚架

自立棚架必须牢固，立柱要牢牢固定在混凝土中。固定立柱的孔深度取决于屏风的高度（见下文）。在露天且多风的区域，尤其是当棚架用来支撑常绿藤蔓植物时，孔洞的深度和立柱的长度就必须增加。

1 按要求的深度再加15cm的标准挖洞（见左图）。孔洞的底部放置干净的碎石。

2 将立柱放入孔洞中，用水平尺检验其是否竖直。将一根木桩以45°角斜敲入土中，用于临时固定立柱。

孔洞的深度和立柱的高度

- **立柱高出地表 1.2m**：立柱的长度应为 1.6m，孔洞的深度为 45cm。
- **立柱高出地表 1.5m**：立柱的长度应为 2.1m，孔洞的深度为 60cm。
- **立柱高出地表 1.8m**：立柱的长度应为 2.4m，孔洞的深度为 60cm。

3 使用长钉将支撑木桩固定在立柱上（至少需要两根木桩）。再检查一遍立柱是否垂直于地面。

4 用混凝土固定好立柱，然后再用抹泥刀将混凝土抹平成斜面。

位于斜坡

如果需要在斜坡上立屏风，可以让立柱保持竖直，但格板水平面的高度逐渐下降错落开来。

藤蔓植物和墙面灌木的修剪

修剪工作必不可少吗？

对于很多藤蔓植物和墙面灌木来说，每年修剪益处多多。修剪可以避免植物因为较多枯死、老旧和交叉的枝干而变得拥挤凌乱。另外，修剪还有助于延长植物的活跃生长期和观赏寿命，还可为花卉类植物塑造更美丽的造型。有些植物只需要简单修剪，但还有些植物必须得定期细致地修剪。下文介绍了部分藤蔓植物和墙面灌木的修剪方法，藤蔓月季和蔓生月季的修剪详见 20 ~ 21 页。

修剪工具

锋利的修枝剪是必不可少的。修枝剪有两种类型，弯口修枝剪（也被称为鹦鹉嘴修枝剪或交叉修枝剪）可以当剪刀来用，刀片相互交叉施力时完成剪切；平口修枝剪拥有锋利的刀片，它坚硬的金属刀片可轻松完成剪切。

修枝剪：用于一般修剪

长柄修枝剪：用于修剪不易够到的嫩芽

弯口修枝剪

平口修枝剪

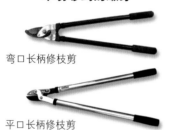

弯口长柄修枝剪

平口长柄修枝剪

何时修剪？

开花类藤蔓植物和墙面灌木的修剪时机受开花期以及冷空气的影响。常绿藤蔓植物例如常春藤的修剪时机并不是太重要，它主要根据植株的生长规模来确定（有时一年需要修剪两次）。

图示注解（下文使用）

每种符号所代表的植物类型：

 藤蔓植物　　 墙面灌木

藤蔓植物和墙面灌木的修剪技巧

翅果连翘（Abeliophyllum distichum）

很少需要修剪；在初春或者没有霜冻危害时剪去死枝。

红萼苘麻（Abutilon megapotamicum）

春季剪掉凌乱和被霜冻破坏的枝条。

葡萄叶苘麻（Abutilon vitifolium）

按照和红萼苘麻同样的方式修剪。

相思树属（Acacia）

金合欢（Wattle）

这类较为柔弱的常绿灌木和乔木，最好靠墙种植，提供温暖、少风的生长环境。一旦扎根，枝条成型，它们基本上很少需要修剪。如果长得过于茂盛，可以在花朵凋谢以后，从下至上修剪一些枝条，这样可以控制植株的大小。但不要修得太频繁，每次经过大幅修剪以后，灌木都需要很长的时间来恢复元气。可别将它们修剪到直接枯死。

中华猕猴桃（Actinidia chinensis）

中国醋栗（Chinese Gooseberry）/奇异果（Kiwi Fruit），也被称为美味猕猴桃（Actinidia deliciosa）

装饰性的植株不需要定期修剪，晚冬时可以修薄一些，剪去长枝。

狗枣猕猴桃（Actinidia kolomikta）

修剪方式和中华猕猴桃相同。这种植物通常用来装饰墙壁，只有当长得太过茂盛时才需要修剪。

木通属（Akebia）

这种藤蔓性的缠绕灌木很少需要修剪，春季时剪去枯死和较长的枝条即可。

蛇葡萄属（Ampelopsis）

无需定期修剪，春季时剪去枯死和过密的枝条即可。

藤蔓植物和墙面灌木的修剪技巧（续）

美洲大叶马兜铃（Aristolochia macrophylla）

荷兰人烟斗（Dutchman's Pipe）

通常很少需要修剪，但如果空间有限，可以在晚冬或初春时节修剪枝条，将较长的枝条修剪去约三分之一。

金柞属（Azara）

无需定期修剪。如果枝条遭到霜冻破坏，或者植株长得过于纤细，可以在晚春花谢以后将枝条剪去。

红珊藤（Berberidopsis corallina）

通常很少需要修剪，可以在晚冬或初春时节剪去死枝。也可以剪掉一些过密的枝条，便于阳光照射和空气流通。

厚萼凌霄（Campsis radicans）

喇叭藤（Trumpet Vine）

种植以后，剪去所有的枝条，只留下约 15cm 高的枝干。这样会有助于枝条从根部长出来。植物定型以后，在晚冬或初春时剪去前一年长出的新枝，只留下 5 ～ 7.5cm 的枝干。

木银莲（Carpenteria californica）

在中夏至晚夏，只要花朵一凋谢，就可以将过长、凌乱或孱弱的枝条剪短。

"硬质"楔叶美洲茶（Ceanothus cuneatus）和"匍匐"聚花美洲茶（Ceanothus thyrsiflorus）

加州紫丁香（Californian Lilac）

无需定期修剪。

南蛇藤（Celastrus orbiculatus）

东方苦甜藤（Oriental Bittersweet）

如果这种植物可以依附在树上自由生长，那就无需修剪。当它靠墙或顺着藤架生长时，可以在初春时剪掉多余或杂乱的枝条，或也可以将主茎剪至只剩一半。

木瓜海棠属（Chaenomeles）

日本海棠（Japanese Quince）

 长成墙面灌木以后，可在中春末期或进入晚春时，剪掉副梢。

蜡梅（Chimonanthus praecox）

倚墙种植时，在花朵凋谢以后，可剪去所有开过花的枝条，只保留根部的一些叶芽。

铁线莲属
大花杂交种（藤蔓型）

这些非常受欢迎的藤蔓植物在生长初期就依据其类型，制定了不同的修剪方式，这些类型包括佛罗里达组、转子莲组、杰克曼尼组、意大利组以及毛叶组。不过，近些年由于杂交的缘故，这些修剪门类已经变得几乎没什么实用价值了，现在，按照开花的时间来区分修剪方式反倒更好。

第 1 组：从晚春末期一直开花到中夏，它们的花朵主要盛开在前一季长出的短侧枝上。有时，它们还会在同年长出的枝条顶端开出更多的花。在藤蔓植物的生长初期，促使它们从植株底部多发新枝是非常关键的。因此，这些植物一旦扎根定型，在第二年的春季就可以将距离地面 23cm 以上的所有茎干都剪掉。在后面几年，只要春季花苞出现，就可以剪去孱弱和死亡的枝条，将剩余枝条绑在支撑框架上。

第 2 组：从中夏起开始开花，它们的花朵开在同年份先前长出的枝条的叶环处。可以在春季修剪，去除枯枝，剪掉前一年开过花的枝条，留下一两个健康饱满的芽即可。

阿尔卑斯铁线莲（Clematis alpina）

生长缓慢的落叶藤蔓型，偏好丛生，除了剪去开败的花朵外，不太需要修剪。它一般不会长得太过茂盛，如果真是这样，可以在晚春或初夏花朵凋谢后剪去长枝。

小木通（Clematis armandii）

生长旺盛的常绿藤蔓型，最好趁晚春花一开败时就进行修剪。可以剪去所有开过花的枝条。

金毛铁线莲（Clematis chrysocoma）

落叶藤蔓型，长势不如绣球藤，更适合于小型或中等规模的庭院。它主要在初夏和中夏开花，有时候会更迟一些。因此，只要花一开败就可以剪去长枝，这有助于来年长出开花枝条。有时候植株的花朵会开在同年早些时候长出的新枝上。如果条件允许它可以攀爬到某棵树上，那就不用修剪。

藤蔓植物和墙面灌木的修剪技巧（续）

火焰铁线莲（Clematis flammula）

落叶丛生藤蔓型，花期从夏天到中秋。可以在晚冬或初春时剪去所有的枝条，只留底部强壮的芽。

"幻紫"（Sieboldiana）铁线莲（Clematis florida）

落叶或半常绿藤蔓型，花期为晚春至初夏。很少需要修剪，在花谢以后修薄较为密集的植株即可。

长瓣铁线莲（Clematis macropetala）

细长落叶藤蔓型，晚春和初夏时开花。只要花一凋谢，就可以剪去开过花的枝条。

绣球藤（Clematis montana）

生长旺盛的落叶藤蔓型，每年修剪对其大有好处。初夏花谢以后，剪去所有开过花的枝条，这样可以促使新枝生长，并在来年开花。如果已经攀爬至树上，可以放任不修剪。

东方铁线莲（Clematis orientalis）

落叶藤蔓型，开花时间为晚夏或秋季。无需定期修剪，春季时修剪较为密集的植株即可。

长花铁线莲（Clematis rehderiana）

落叶藤蔓型，花期为晚夏至秋季。无需定期修剪，春季时修剪较为密集的植株即可。

甘青铁线莲（Clematis tangutica）

落叶藤蔓型，花期为晚夏至中秋。可以在晚冬或初春时剪去所有的枝条，只留底部强壮的芽。

平枝栒子（Cotoneaster horizontalis）

耐寒常绿墙面灌木。无需定期修剪。

阿特拉斯金雀（Cytisus battandieri）

菠萝金雀花（Pineapple Broom）

无需定期修剪。

智利悬果藤（Eccremocarpus scaber）

晚春时剪去因霜冻受损的枝条。如果植株因霜冻严重受损，可在春季修剪去所有茎干，促进新枝干的生长。

棉绒树（Fremontodendron californicum）

无需定期修剪，春季时剪去因霜冻受损的枝条即可。

丝缨花（Garrya elliptica）

倚墙生长时，可在春季花谢以后剪去长的副梢。

常春藤属（Hedera）

晚春或初春时，检查枝条是否长得过于茂盛，如果有必要可剪去一些。另外，可以在晚夏剪去较长的茎干。

"黄叶"啤酒花（Humulus lupulus）

草本藤蔓型，秋季或初冬时叶片会枯死掉落。晚秋或春季时可清理枯叶。

冠盖绣球亚种（Hydrangea anomala subsp. petiolaris）

日本藤蔓绣球花（Japanese Climbing Hydrangea）

无需定期修剪。春季时可剪去枯枝，另外可修薄密集和凌乱的枝条。

迎春花（Jasminum nudiflorum）

中春花谢以后，将所有开过花的茎干剪至仅剩 5～7.5cm。另外，彻底修剪掉孱弱的细枝。

素方花（Jasminum officinale）

花谢以后，剪掉开过花的枝条，只留底部。可以适当多剪一些。

多花素馨（Jasminum polyanthum）

在温带，这种藤蔓植物通常会被当成室内植物来种植，但在常年温暖的区域，它可以在户外倚着背风的向阳墙壁生长。无需定期修剪，花谢以后只要不定期修薄过于茂盛的植株即可。

藤蔓植物和墙面灌木的修剪技巧（续）

智利钟花（Lapageria rosea）

在温带气候地区为半耐寒的户外植物，最好靠墙种植。晚春或初秋花谢以后修剪弱枝。在寒冷地区种植，需等到春季再进行修剪。

忍冬（Lonicera japonica）

无需定期修剪，在晚冬或初春不定期修剪过于密集的植株即可。

"比利时"（Belgica）香忍冬（Lonicera periclymenum）

无需定期修剪，花谢以后不定期修剪老枝和过于密集的枝条即可。

"瑟诺"（Serotina）香忍冬（Lonicera periclymenum）

无需定期修剪，春季不定期剪去老枝和过于密集的枝条即可。

花叶地锦（Parthenocissus henryana）

无需定期修剪，春季剪去过于密集和枯死的枝条即可。

五叶地锦（Parthenocissus quinquefolia）

按照和花叶地锦同样的方式修剪，不过五叶地锦的生长速度更快，因此需要修剪得更多。

地锦（Parthenocissus tricuspidata）

波士顿常春藤（Boston Ivy）

按照五叶地锦的方式修剪。

西番莲（Passiflora caerulea）

在晚冬或初春，将老茎干修剪至快接近地面或只保留一根主茎；将侧枝剪至只剩15cm长。

火棘属（Pyracantha）

靠墙种植时，可在中春将较长的副梢剪短。不过不要剪去太多枝条，留下的枝条在来年都会开花。

绣球钻地枫（Schizophragma hydrangeoides）

日本绣球藤（Japanese Hydrangea Vine）

在秋季，可在长势良好的植株上剪去凋谢的花朵和碍眼的枝条。如果已经攀爬至树上，可以放任不修剪。

钻地风（Schizophragma integrifolium）

按照绣球钻地枫的方式修剪。

皱波花茄（Solanum crispum）

在中春可将前一季长出的枝条修短至15cm。另外，可剪去孱弱的枝条和因霜冻死亡的枝条。

星茄藤（Solanum laxum）

春季修剪弱枝，剪去因霜冻受损的枝条。

亚洲络石（Trachelospermum asiaticum）

当植株长得过于茂盛时，可在初春或中春修剪多余的枝条。

络石（Trachelospermum jasminoides）

按照亚洲络石的方式修剪。

葡萄属（Vitis）

无需定期修剪，植株长得过于密集时可在晚夏修剪枝条。

紫藤属（Wisteria）

紫藤需要定期修剪，以控制其生长范围和多开花量。在晚冬，可将所有枝条剪短至只剩两三个前一年生长的芽点。如果植株长得过于庞大，也可以在中秋时修剪，修短当季长出的新枝，只保留枝条底部的五六个芽即可。

藤蔓月季的修剪

修剪藤蔓月季难不难？

藤蔓月季的攀爬类型决定了它应该如何修剪。一般来说，藤蔓月季拥有永久或半永久的枝条框架，花朵会从侧枝上开出。这些枝条在春季和夏季长出来，同年长出花朵。藤蔓月季有多种攀爬类型，按照修剪方式主要可分为以下两大类。

修剪新种下的藤蔓月季

在晚秋至晚冬的休眠期种下裸根的月季植株。春季可剪去枯死的部分，尤其是已经因霜冻而受损的茎干顶端。将茎干固定在支撑架上，这样就不会因为刮风下雨而受到损伤。确保茎干与支撑架捆绑牢固，但也不能勒得过紧。不要一种下去就尝试剪短茎干，藤蔓月季不像蔓生月季（后者一种下去就要进行彻底修剪），它的茎干可以不修剪。在秋季，可用锋利的修枝剪剪去枯萎的花朵。

修剪已扎根的藤蔓月季

第 1 组（见下表）：选择在晚冬或初春修剪已扎根的月季。通常不需要太多修剪，剪去死枝和枯萎的茎尖即可。前一年开过花的侧枝需要修短至只剩约 7.5cm 长。

第 2 组（见下表）：选择在晚冬或初春修剪已扎根的月季。通常不需要太多修剪（次数比第 1 组还要少）。剪去死枝和枯萎的茎尖即可。不要修剪侧枝。

← 修剪相对简单，这张图展示了应该如何去修剪第 1 组的藤蔓月季品种。

← 为了保持第 2 组月季全年整齐的造型，每年的修剪非常重要。

修剪组别

第 1 组	第 2 组		
品种包括：	品种包括：	• "多特蒙德"（红色，带白点）	• "女生"（杏黄色）
• "加西诺"（浅黄）	• "欢迎"（玫瑰粉）	• "高威湾"（粉色）	• "天鹅湖"（白色，微染粉色）
• 藤蔓 "状元红"（绯红）	• "至高无上"（红色）	• "第戎的荣耀"（浅黄色）	• "白帽"（白色）
• 藤蔓"奥朗德之星"（深红）	• "班特里湾"（玫瑰粉）	• "金阵雨"（金黄色）	• "和风"（胭脂粉色）
• "斯塔科林"（粉色，暗绯红色）	• "灵魂"（杏黄色）	• "金尼"（黑红色）	
• "美人鱼"（淡黄色）	• 藤蔓 "塞西尔布伦纳"（浅粉红）	• "海德尔"（乳白色，边缘粉色）	
• "御用马车"（血红色）	• 藤蔓"朱墨双辉"（深红色）	• "海菲尔德"（浅黄色）	
	• 藤蔓 "冰山"（白色）	• "勒沃库森"（浅黄色）	
	• 藤蔓 "西尔维娅夫人"（淡粉色）	• "卡里埃夫人"（白色，浅粉红色）	
	• 藤蔓 "假面舞会"（黄色，后变成粉色和红色）	• "五月金花"（青铜黄色）	
	• 藤蔓 "锦阳"（铜橙色）	• "梅格"（粉色，带杏色底）	
	• 藤蔓"超级明星"（橙朱红）	• "清晨宝石"（粉色）	
	• "怜悯"（粉色，暗杏色）	• "永恒的粉"（玫瑰粉）	
	• "坛寺的火灯"（橙红色）	• "玫瑰外衣"（深玫瑰粉）	
		• "皇家黄金"（深黄色）	

无法分类的藤蔓品种

你可能会遇到不在此列表上的藤蔓月季品种，可以仔细观察，如果它主要是在侧枝上开花，可以按照第 1 组的方式去修剪。

蔓生月季的修剪

　　刚种下去的蔓生月季其茎干需要彻底修剪。和藤蔓月季不同，蔓生月季的茎干会逐渐长长且变得柔软，无法形成永久的枝条框架。它们的花朵长在前一年抽出的枝条上，这意味着我们还要使用一些基础的修剪技术；等到它们的花期一过，就可以剪去这些枝条。为了详细说明修剪的目的，我们可以将蔓生月季按修剪方式分为三组。

蔓生月季需要狠狠修剪吗?

种植和修剪蔓生月季

　　选择在晚秋至晚冬之间种植裸根的蔓生月季。有些苗圃在出售月季之前就会剪短蔓生月季的茎干，但在种植之前，我们还是要将其所有的茎干都剪短至只剩23～39cm 长，另外还要剪掉受损和粗劣的根。蔓生月季要种得深一些，将疏松的土壤覆盖在根上并加固。春季时，嫩枝会从枝条的顶端长出来，随后便会开出一整列颜色鲜艳的花朵。

修剪柱状月季

　　要想在庭院里提升视觉高度和焦点，那柱状月季肯定能派上用场，而且花费相对不高。柱状月季的外形像有趣的灯塔，易于打造和修剪。我们可以先竖起一根约长2.4m 高的支柱，这根支柱可用粗糙的树干来制作，树干上的枝丫都要剪短,仅保留15～20cm 的长度。这些短枝丫可支撑月季的茎干，使它们不至于滑落。

　　选择在晚秋至晚冬之间种植裸根的柱状月季，将长茎干固定在树干上。到了夏天，侧枝会从茎干上冒出。花朵一凋谢即可剪去。在初冬，剪去开过花的侧枝，同时修掉所有孱弱、病态和瘦小的枝条。

　　第二年夏天（以及此后的每一年），老茎干上的侧枝都会开出花朵。花谢以后剪去花朵，初冬时再剪掉开过花的侧枝。

修剪已扎根的蔓生月季

　　第1组（名单见下表）：在秋季修剪已扎根的蔓生月季，将此季开过花的茎干剪短至接近地面。同年新长出的茎干（来年会开花）固定在支撑结构上。如果蔓生月季没有长出很多新茎干，则可保留一些老茎干，将侧枝修短至约 7.5cm 长。有时候我们会很难分辨出茎干，因为它们可能已经长成了一片灌木丛。这时候，我们只需要将主要茎干上的侧枝修短至约 7.5cm 长即可。

修剪组别

第1组
品种包括：
- "美国支柱"（深粉色，带白点）
- "多头桃红"（深红色）
- "红色七姊妹"（玫瑰粉）
- "埃克塞尔萨"（玫瑰深红，中心白色）
- "弗朗索瓦"（浅粉色）
- "桑德白"（白色）
- "海鸥"（白色）

第2组
品种包括：
- "阿尔贝里克"（乳白色）
- "艾伯丁"（浅粉色）
- "保罗的红色攀登者"（绯红色）
- "蓝蔓"（紫色，暗青灰色）

第3组
品种包括：
- "埃米莉·格雷"（浅黄色）
- 腺梗蔷薇"幸运"（乳白色）
- "婚礼日"（乳白色）

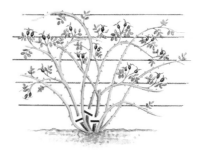

← 这张图展示了应该如何去修剪第1组的蔓生月季品种。

　　第2组（名单见左表）：在秋季修剪已扎根的蔓生月季，将所有开过花的枝条修短至嫩枝已经长出的位置。另外将一至两根老茎干剪短至仅剩30～38cm 长。和第1组一样，有时候我们会很难分辨出茎干，此时只需要将主要茎干上的侧枝修短至约 7.5cm 长即可。

　　第3组（名单见左表）：修剪这一类已扎根的蔓生月季并不难。在秋季适度修剪，剪去老枝和枯枝以及开过花的侧枝顶端即可。

藤蔓植物的繁育

它们易于繁育吗?

藤蔓植物和墙面灌木可以按照几种不同的方式进行繁育。有些方法较为简单易行,譬如在户外播种一年生耐寒的藤蔓植物;其他定植新植株的方式则需要耗费更长时间,例如在温室中播撒种子和扦插等。这些繁育手段需要一系列的技巧,但都不会超出家庭园艺师的能力范畴,只有少数情况需要配备专门的设备。

播种

一年生耐寒藤蔓植物

一年生耐寒藤蔓植物的种子可以直接播散在院中合适的位置。这些植物只有单季的寿命。

1 用一根尖头的细木棍沿一根平直的木条刨出浅犁沟。

2 掌心里抓一些种子,稀疏均匀地播撒在犁沟中。

3 用金属耙的背面将泥土拢盖在种子上,再用耙头把泥土压平整。

适用植物品种

- 圆叶牵牛详见 34 页。也可以在温室等较温暖环境中进行播种。
- 香豌豆详见 35 页。也可以在温室等较温暖环境中进行播种。
- "珠宝混搭"冠子藤详见 35 页。
- "混合"金鱼藤详见 35 页。
- 旱金莲详见 35 页。
- 金丝雀旱金莲详见 35 页。也可以在温室等较温暖环境中进行播种。

在温室播种盘(平底盘)中播种

对于某些一年生的藤蔓植物,我们可以在晚冬或早春时在温室中较温暖环境里进行播种,等天气转暖无霜冻出现以后再将植株移植到户外。

1 轻轻压实播种盘里的培养土。将种子放在 v 形纸条的凹槽中;轻敲纸条,把种子播撒在培养土中。

2 在种子上方用园艺筛薄薄筛一层园艺土覆盖在种子上,也可以使用烹饪用的旧筛子。

3 将播种盘下部浸入干净的清水中,直至水分渗透到土壤表面,再提起播种盘,让多余的水分排出。

一段时间后

4 种子发芽以后,降低温室温度,增加光照。在植株变得密集以前,将它们移栽至更大的播种盘(平底盘)中,注意转移的时候不要损伤根部。移栽的前一天在培养土上轻轻浇一遍水。

5 要将幼苗移栽至更大的播种盘(平底盘)中,移栽的时候,要保证苗与苗之间有一定的间距,但不要种在靠近播种盘边缘的区域。轻轻地压实培养土,然后再从上面浇水。

适用植物品种

- "多泡"砖红刺莲花详见 34 页。
- 电灯花详见 34 页。
- 香豌豆详见 35 页。也可以在户外进行播种。
- "珠宝混搭"冠子藤详见 35 页。
- "混合"金鱼藤详见 35 页。
- 翼叶山牵牛(黑眼苏珊)详见 35 页。
- 金丝雀旱金莲详见 35 页。也可以在户外进行播种。

注意:有些一年生植物也可以按照耐寒植物以及半耐寒植物的习性种植。

分生繁殖

将一大丛草本藤蔓植物拆分开进行种植，是一种简单可靠的繁育方式。分生繁殖一定要选择健康的植株。

→ 在秋季或晚冬，将植株的所有茎干剪短至接近地面。用园艺叉挖起整团植株，然后用两把园艺叉紧贴在植株团中间，用力掰开，将其一分为二。小团可以直接用手掰开。植株丛周围被带起的幼苗可以再种回去。

适用植物品种

- 广受欢迎的"黄叶"啤酒花（详见 37 页）易于通过分生来进行繁育。相比不管不顾让它长成特别大的一丛，每三四年进行一次分生繁殖是最好的做法。

注意

在移植之前，不要让植株的根部变干。如果天气炎热，可以用湿布袋包住根部。

半嫩枝扦插

半嫩枝扦插也被称为半硬枝扦插或半熟扦插，它所用的扦插枝条比软枝更成熟，但又不像硬枝那样成熟和坚韧。

适用植物品种

很多藤蔓植物和墙面灌木都可以采用半嫩枝扦插的方式来繁育，在"藤蔓植物和墙面灌木一览"章节（详见 26 ～ 49 页）中也提到了这些植物，其中既有晚冬开花并散发蜜香的翅果连翘，也有多叶的地锦类，譬如五叶地锦，以及可以在秋季展示灿烂叶色的其他藤蔓植物。

1 半嫩枝扦插可选择在中秋前后进行。掰下 7.5 ～ 10cm 长的枝条，最好底部连有一些老枝条的皮和木质部（即所谓的踵）。

2 除去靠近底部的叶片，修剪插枝的底部，剪去须状的多余部分。踵的存在有助于快速生根。

3 将枝条插在花盆的培养土中，培养土用等比的湿润腐叶土和细砂混合而成。压实枝条附近的培养土，并从上面浇水。

硬枝扦插

硬枝扦插选取的是当季生长的成熟枝条，可大体上选择在初秋至晚秋之间进行。硬枝比半嫩枝扦插所用的枝条更坚韧也更硬。

→ 硬枝扦插枝的长度可以为 15 ～ 38cm 不等，但通常是 23 ～ 30cm。采用硬枝扦插的多为落叶植物，在准备插条的时候它们的叶子已经掉光了。挑选开过花的枝条剪下，将插条插在 V 形沟槽中，枝条垂直于沟槽一边，

插入的深度为插枝的一半至三分之二，通常为 15 ～ 20cm。沟槽底部撒一些细砂，将松散的土壤填回沟槽，压实。一年之内可生根。

藤蔓植物和墙面灌木的日常养护

我需要做什么?

和其他所有植物一样,藤蔓植物和墙面灌木也需要细心养护。很多植物每年都要修剪,还有一些植物不需要任何干预就能开出鲜艳的花朵或长出多彩的叶片,尤其是当植株长成高大乔木以后。另外还有一些常规工作,能够促使植物快速扎根定型。支撑结构,譬如棚架、藤架和拱门,需要每年检查,确保它们在植物的重压之下不会坍塌。

了解植物

藤蔓植物的选择非常广泛,从一年生和多年生草本到多年生木本,各种各样的品种都有。墙面灌木属于"永久性"的木本植物。不同品种的植物在养护方面都稍有不同。

- 在夏季怒放之后,一年生的藤蔓植物就应拔掉丢弃。相似的,草本植物在地面以上的部分在秋季也会枯死,因此在下一年初春到来前,它们的叶和茎干需要进行清理。
- 多年生木本藤蔓植物可以存活多年,它们一旦扎根,除了修剪之外就不太需要过多操心。
- 墙面灌木可以存活 15 年乃至更长时间,多数品种每年都需要修剪(详见 16 ～ 19 页)。

让植物扎根

在种植以后的头几周或头几个月,植物需要精心照料。这段时间里它们先会扎根,如果土壤干燥,生长速度就会减缓。一直干燥得不到水分的土壤可能会导致植物死亡。

"扎根期"的大多数工作都属于常规性的园艺工作。春季的工作包括重新加固因严重冬季霜冻而疏松的土壤,以及清除会与藤蔓植物或墙面灌木争夺水分和养分的杂草,如果不及时清理,杂草则会扼杀小型藤蔓植物。每年做护根工作也有助于保持土壤凉爽和湿润,同时避免杂草滋生。

春季固土

↗ 春季加固植株周围的土壤,确保它与根能密切接触。可以用脚后跟将土踩实;完成之后,再用耙子耙一遍表层土。

除杂草

↗ 用一把小叉铲将多年生杂草连根挖出,注意不要在土壤里留下断开的根须。一年生杂草可以丢在堆肥堆里,但多年生杂草必须彻底处理。

浇灌土壤

→ 保持土壤湿润,尤其当藤蔓植物或墙面灌木刚种下去时。墙根处一带的土壤通常比较干燥,因此定期浇灌非常重要。

每年都要护根

→ 在每年的春季,将前一年的营养土浅浅地混入土壤中,然后再在上面覆上一层已经熟成的园艺堆肥,厚度为5 ～ 7.5cm。

检查支撑

木头支柱和棚架，以及搭建式拱门和藤架的粗糙木杆，都具有使用年限，需要定期检查。秋季是检查和更换支柱的最佳时机。如果一根截面为方形的支柱的底部腐烂了，那么整根支柱都需要更换，或者在其底部用金属钉加固。

检查棚架　除非棚架被常绿藤蔓植物的叶片完全掩盖，否则它的部分结构通常都是露在外面的，腐朽的地方也很容易看得到。如果只有几片里面的木材烂掉了，换成新的用钉子钉好就可以了。不过问题通常会更加棘手，修修补补解决不了问题，整个棚架都需要更换。这样的工程最好安排在秋季或冬季；为了避免藤蔓植物遭到破坏，一定要小心地锯掉棚架，替换新的，再将茎干放回原处。

检查墙面固定点（锚点）　无论最初的墙面固定点有多牢固，若经过十多年的风吹雨打，它们不可避免地都会变松；镀锌螺丝寿命很长，但它们最终还是会生锈；砖砌墙也可能会倒塌。最简单的补救措施是拆去棚架，去掉墙面固定，在墙上再打孔，安装更大的棚架。如果棚架不好更换，可以在原来的棚架和墙面上重新打孔固定。移动棚架时必须小心，有时候可能会导致墙面固定点错位，这时候重新对齐使用新螺丝即可。

整修疏于照顾的藤蔓植物

如果疏于照顾，很多落叶藤蔓植物干枯的木质茎都会缠做一团，根部裸露，花朵的造型展示也不美观。大多数藤蔓植物，尤其是总体健康状况良好的植物，都可以通过重剪来整修。对于那些孱弱且每年生长不多的藤蔓植物，我们首先应该施肥和彻底灌溉，观察一季再做打算。

重新整枝最好分散在两三年内完成。在整枝的这段时间里，要为植物施肥和定期浇水。

第一年，在剪掉部分老茎干之前先修去枯死和患病的枝条，保留健康的芽。然后，将部分老茎干修剪至接近地面。大多数疏于照顾的藤蔓植物都能经受得住春季的重剪。我们可以使用修枝剪或长柄树剪来修剪老茎干。如果植株长出了一些新茎干，可保留不剪。在之后的两年，继续修剪其他老茎干。

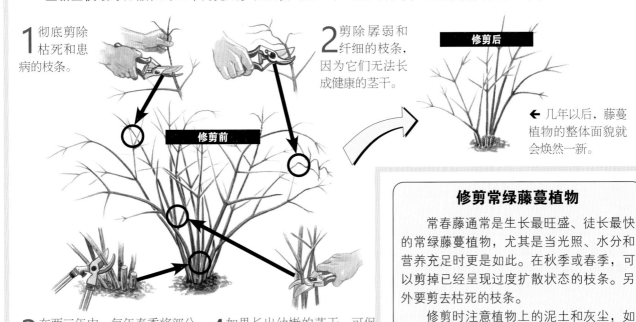

1 彻底剪除枯死和患病的枝条。

2 剪除孱弱和纤细的枝条，因为它们无法长成健康的茎干。

修剪前

修剪后

← 几年以后，藤蔓植物的整体面貌就会焕然一新。

3 在两三年内，每年春季将部分老茎干修剪至接近地面。

4 如果长出幼嫩的茎干，可保留不剪，但需要剪短。

修剪常绿藤蔓植物

常春藤通常是生长最旺盛、徒长最快的常绿藤蔓植物，尤其是当光照、水分和营养充足时更是如此。在秋季或春季，可以剪掉已经呈现过度扩散状态的枝条。另外要剪去枯死的枝条。

修剪时注意植物上的泥土和灰尘，如果有必要的话，可以戴上护目镜和口罩再修剪。

整修藤蔓植物和墙面灌木

- 忍冬属植物，譬如忍冬、"比利时"香忍冬和"瑟诺"香忍冬，如果疏于修剪，都会变成老茎干缠绕成团的状态。此时，可选择在春季将整个植株修剪至仅剩 38～50cm 的茎干。
- 靠墙生长的火棘属植物，可以通过在春季剪掉所有茎干的方式来恢复活力。不过，这意味着有几个季节看不到它开花了。
- 很多茎干已经缠绕成一团的铁线莲属植物，都可以采用在春季将其茎干修短至接近地面的方法。

花卉植物

所有的花卉类藤蔓植物都耐寒吗?

尽管藤蔓植物和墙面灌木在温带气候下的户外生存能力各有不同,但本书所介绍的大多数植物都属于耐寒品种。那些需要特别关照和特殊种植的植物也都有注明。不过,即便在温带气候地区,温度亦受到纬度、海拔和地区等因素的影响——但我们总能找到适合自家庭院和个人品位的藤蔓植物或墙面灌木。

被开花藤蔓植物所覆盖的拱门是区分庭院不同区域的理想景观设施。

不拘形式还是整齐划一?

有些藤蔓植物具备随意自在的天性,而另一些植物则更适合种在规整的庭院中,所以选择能够与其周围环境互补的植物非常关键。举例来说,忍冬属植物拥有不羁的外观形态,很多品种还能开出香气悠远浓郁的花朵;相比之下,紫藤类就显得更加规整,尤其是当它覆盖在用刨平木头做成的方正藤架上时。事实上,起初人们就是按照藤架或棚架的结构,来选择风格适配的藤蔓植物。

在本书 72 ~ 73 页,我们对规整的园艺展示中使用藤蔓植物的艺术进行了探讨,而在 64 ~ 69 页,我们也详细介绍了藤蔓植物和墙面灌木之间富有吸引力的关联点。

芬芳庭院

芳香的花卉可以为庭院增添令人兴奋的独特品质,有很多藤蔓植物、墙面灌木和月季可供选择,对于此类植物及其花朵香味的描述可详见 60 ~ 63 页。

翅果连翘(Abeliophyllum distichum)

较为娇弱的落叶灌木,晚冬和中春时节,光秃的茎干上会开出白色星形的花朵,散发着蜜香。

土壤和环境:喜适度肥沃、排水良好但能保持水分的土壤。倚靠在挡风向阳的墙壁处种植非常关键。

繁育新植株:中夏时从半成熟的枝条上取 7.5 ~ 10cm 长的插条,插在花盆中,将花盆放在较温暖的地方。另外,也可以对生长位置较低的茎干进行压条繁育。

生长:需提供支撑。

↕ 1.2 ~ 1.8m ↔ 1.5 ~ 1.8m

红萼苘麻(Abutilon megapotamicum)

这种常绿灌木拥有柔嫩纤细的茎干,以及狭窄、端尖且有钝锯齿状的叶片。从晚春到初秋,它都会开出绯红色加黄色的悬垂花朵。

土壤和环境:喜排水良好但能保持水分的土壤,向阳且避风的位置种植。

繁育新植株:中夏和晚夏时从半成熟的枝条上取 7.5 ~ 10cm 长的插条,插在花盆中,将花盆放在较温暖的地方。

生长:需提供支撑。

↕ 1.2 ~ 1.5m ↔ 1.2 ~ 1.8m

木通(Akebia quinata)
巧克力藤(Chocolate Vine)
五指木通(Five-finger Akebia)

生长旺盛的缠绕藤蔓植物,落叶植物,但在气候温和的地区保持常绿,叶片为五裂梨形。在晚春时会开出具有香草气息的紫红色花朵。有时候,这些花朵还会结出香肠形状的果实。

土壤和环境:喜排水良好的土壤。

繁育新植株:最简单的方法是对生长位置较低的茎干进行压条繁育。

生长:最好让它沿柱子向上攀爬,而不是靠墙生长。

↕ 4.5 ~ 6m或更高 ↔ 1.2m或更宽

美洲大叶马兜铃（Aristolochia macrophylla）
荷兰人烟斗（Dutchman's Pipe）

　　耐寒，生长旺盛的落叶藤蔓植物，绿色叶片宽大呈心形，初夏时会开出烟斗形的花朵，颜色为褐绿色，长可达 36mm。

　　土壤和环境：喜肥沃、排水良好的土壤，光照良好或半遮阴处种植。

　　繁育新植株：在秋季对生长位置较低的茎干进行压条繁育，在较温暖的地方可进行春季播种或者中夏时扦插。

　　生长：需提供支撑。

⬆ 3.6 ~ 4.5m或更高　↔ 1.8m或更宽

小叶金柞（Azara microphylla）

　　柔嫩的常绿灌木或小型乔木。长有秀气的深绿色叶片，排列很密集；初春时会开出成簇的黄色花朵，散发着香草的芬芳。

　　土壤和环境：喜排水良好且能保持水分的土壤，种植在挡风向阳的墙边。

　　繁育新植株：春季时从半成熟的枝条上取 7.5cm 长的插条，插在花盆中，将花盆放在较温暖的地方。

　　生长：需提供支撑。

⬆ 3 ~ 3.6m　↔ 1.5 ~ 1.8m

红珊藤（Berberidopsis corallina）
珊瑚树（Coral Plant）

　　枝条稍显稀疏的常绿灌木，叶片边缘有刺，中夏至晚夏会开出成簇的悬垂花朵，花朵呈圆形，深红色，有时候开花时间会更迟。

　　土壤和环境：喜能保持水分但排水良好、呈弱酸性的凉爽土壤。

　　繁育新植株：中夏时采用压条或扦插繁育。

　　生长：靠庇护墙壁的遮阴位置。

⬆ 1.2 ~ 1.8m　↔ 1.5 ~ 2.1m

木银莲（Carpenteria californica）
银莲花树（Tree Anemone）

　　稍显柔弱的常绿灌木，叶片呈翠绿色，初夏至中夏时开花，花朵洁白芬芳，直径可达 7.5cm。

　　土壤和环境：喜排水良好的轻质、中性或略带白垩质的土壤，光照充足，背靠挡风墙。

　　繁育新植株：春季时在肥沃的培养土中播种，保持环境温暖。发芽后将幼苗移栽到单个花盆中，并置于阳畦中。

　　生长：支撑非常关键。

⬆ 2.4 ~ 3m　↔ 1.8 ~ 2.4m

"硬质"楔叶美洲茶（Ceanothus cuneatus）
加利福尼亚紫丁香（Californian Lilac）

　　也被称之为硬美洲茶（Ceanothus rigidus），这种稍显柔弱的常绿灌木会在中春开出蓝紫色的花朵。

　　土壤和环境：喜适度肥沃、排水良好但能保持水分、中性或弱酸性的土壤。种植在阳光充足的环境中。

　　繁育新植株：中夏时，取 7.5 ~ 10cm 长的带踵插枝，扦插在花盆中，花盆中培养土由湿润腐叶土和细砂各半混合而成。

　　生长：需提供支撑。

⬆ 1.8 ~ 3m　↔ 1.2 ~ 1.5m

"匍匐"聚花美洲茶（Ceanothus thyrsiflorus）

　　耐寒常绿灌木，叶片较小，晚春和初夏时会开出成簇的浅蓝色花朵。

　　土壤和环境：喜适度肥沃、排水良好但能保持水分、中性或弱酸性的土壤。种植在阳光充足的环境中。

　　繁育新植株：中夏时，取 7.5 ~ 10cm 长的带踵插条，扦插在花盆中，花盆中培养土由湿润腐叶土和细砂各半混合而成。花盆置于繁殖畦床中。

　　生长：可能需要提供支撑。

⬆ 1.2 ~ 1.5m　↔ 1.5 ~ 1.8m

蜡梅（Chimonanthus praecox）

也被称为香腊梅（Chimonanthus fragrans），这种落叶灌木从中冬到晚冬期间会开出沁香的杯状花朵，花瓣为黄色，花心呈紫色。"磬口"（Grandiflorus）腊梅拥有更大的花朵，花蕊为红色。

土壤和环境：喜排水良好但能保持水分的土壤，可种在背风墙边的温暖环境中。

繁育新植株：晚夏时采用压条繁育。

生长：不需要支撑。

↕1.8～3m ↔2.4～3m

小木通（Clematis armandii）

耐寒常绿藤蔓植物，中春至晚春时会开出大量呈碟形的乳白色花朵。"苹果花"（Apple Blossom）小木通拥有粉白色的花朵。

土壤和环境：喜肥沃、中性至弱碱性、排水良好但能保持水分的土壤，光照充足。确保根部需有遮阴。

繁育新植株：中夏时，取7.5～10cm长的插条，扦插在花盆中，花盆中培养土由湿润腐叶土和细砂各半混合而成。花盆置于较温暖的环境中。

生长：需提供支撑。

↕7.5～9m ↔7.5～9m

金毛铁线莲（Clematis chrysocoma）

耐寒落叶藤蔓植物，初夏至中夏会开出碟形白中透粉的单瓣花朵，花朵直径约5cm，有时候开花会更迟。

土壤和环境：喜肥沃、中性至弱碱性、排水良好但能保持水分的土壤，光照充足。根部需有遮阴。

繁育新植株：中夏时，取7.5～10cm长的插条，扦插在花盆中，花盆中培养土由湿润腐叶土和细砂各半混合而成。花盆置于较温暖的环境中。

生长：需提供支撑。

↕3～3.6m ↔3～4.5m

火焰铁线莲（Clematis flammula）
芳香弗吉尼亚铁线莲（Fragrant Virgin's Bower）

耐寒的落叶藤蔓植物，从晚夏到中秋会开出带山楂香味的白色花朵。

土壤和环境：喜肥沃、中性至弱碱性、排水良好但能保持水分的土壤，光照充足。根部需有遮阴。

繁育新植株：中夏时，取7.5～10cm长的插条，扦插在花盆中，花盆中培养土由湿润腐叶土和细砂各半混合而成。花盆置于较温暖的环境中。

生长：需提供支撑。

↕3m ↔1.8～2.4m

"幻紫"（Sieboldiana）铁线莲（Clematis florida）

通常为落叶（偶尔半常绿）藤蔓植物，叶片由九片小叶组成，初夏时会开出碟形的白色重瓣花朵，花蕊多为紫色。

土壤和环境：喜肥沃、中性至弱碱性、排水良好但能保持水分的土壤，光照充足。根部需有遮阴。

繁育新植株：中夏时，在较温暖的环境中，取7.5～10cm长的插条进行扦插。

生长：需提供支撑。

↕2.4～3m ↔1～1.2m

"弗朗西斯·里维斯"（Frances Rivis）铁线莲（Clematis）

早先时被称之为"弗朗西斯·里维斯"阿尔卑斯铁线莲（Clematis alpina），这种落叶藤蔓植物拥有悬垂的蓝紫色花朵，其花期通常为中春至晚春。

土壤和环境：喜肥沃、中性至弱碱性、排水良好但能保持水分的土壤，光照充足。根部需有遮阴。

繁育新植株：中夏时，取7.5～10cm长的插条，扦插在花盆中。花盆置于较温暖的环境中。

生长：需提供支撑。

↕1.8～2.4m ↔1.2～1.8m

长瓣铁线莲（Clematis macropetala）

这是一种耐寒、生长速度较快的落叶丛生藤蔓植物，晚春至初夏期间会开出悬垂的钟形花朵，颜色为浅蓝和深蓝。

土壤和环境：喜肥沃、中性至弱碱性、排水良好但能保持水分的土壤，光照充足。根部需有遮阴。

繁育新植株：中夏时，取 7.5～10cm 长的插条，扦插在花盆中，花盆中培养土由湿润腐叶土和细砂各半混合而成。花盆置于较温暖的环境中。

生长：需提供支撑。

↕ 3～3.6m ↔ 1.8～2.4m

"冰美人"（Marie Boisselot）铁线莲（Clematis）
大花杂交种

耐寒落叶藤蔓植物，初夏至晚夏期间会开出纯白色的大型花朵，雄蕊为奶油色。

土壤和环境：喜肥沃、中性至弱碱性、排水良好但能保持水分的土壤，光照充足。根部需有遮阴。

繁育新植株：中夏时，取 7.5～10cm 长的插条，扦插在花盆中，花盆中培养土由湿润腐叶土和细砂各半混合而成。花盆置于较温暖的环境中。

生长：需提供支撑。

↕ 3～4.5m ↔ 1.2～1.8m

绣球藤（Clematis montana）
山铁线莲（Mountain Clematis）

耐寒且生长旺盛的落叶藤蔓植物，晚春至初夏期间会开出大量纯白花朵，略带清香。

土壤和环境：喜肥沃、中性至弱碱性、排水良好但能保持水分的土壤，光照充足。根部需有遮阴。

繁育新植株：中夏时，取 7.5～10cm 长的插条，扦插在花盆中，花盆中培养土由湿润腐叶土和细砂各半混合而成。花盆置于较温暖的环境中。

生长：需提供支撑。

↕ 5.4～7.5m ↔ 5.4～7.5m

"科尔蒙迪利女士"（Mrs Cholmondeley）
铁线莲（Clematis）大花杂交种

耐寒落叶的自然开花型藤蔓植物，初夏至晚夏期间会开出淡蓝色的大型花朵。

土壤和环境：喜肥沃、中性至弱碱性、能保持水分的土壤，光照充足。根部需有遮阴。

繁育新植株：中夏时，取 7.5～10cm 长的插条，扦插在花盆中，花盆中培养土由湿润腐叶土和细砂各半混合而成。花盆置于较温暖的环境中。

生长：需提供支撑。

↕ 3～4.5m ↔ 1.2～1.8m

"繁星"（Nelly Moser）铁线莲（Clematis）
大花杂交种

耐寒落叶藤蔓植物，初夏时会开出粉白色的大型花朵，花瓣中央有一条胭脂红的色带。晚夏和初秋时会再度开花。

土壤和环境：喜肥沃、中性至弱碱性、能保持水分的土壤，光照充足。根部需有遮阴。

繁育新植株：中夏时，取 7.5～10cm 长的插条，扦插在花盆中，花盆中培养土由湿润腐叶土和细砂各半混合而成。花盆置于较温暖的环境中。

生长：需提供支撑。

↕ 3～4.5m ↔ 1.2～1.8m

东方铁线莲（Clematis orientalis）
橘皮铁线莲（Orange-peel Clematis）

耐寒且生长旺盛的落叶藤蔓植物，叶片为蕨状。晚夏至中秋期间会开出悬垂、星形的黄色花朵，散发着香味。

土壤和环境：喜肥沃、中性至弱碱性、排水良好但能保持水分的土壤，光照充足。根部需有遮阴。

繁育新植株：中夏时，取 7.5～10cm 长的插条，扦插在花盆中，花盆中培养土由湿润腐叶土和细砂各半混合而成。花盆置于较温暖的环境中。

生长：需提供支撑。

↕ 3～6m ↔ 3～6m

长花铁线莲（Clematis rehderiana）

耐寒且生长旺盛的落叶藤蔓植物。晚夏至初秋期间会开出悬垂、柔弱的淡黄色花朵，会散发出淡淡的香气。

土壤和环境：喜肥沃、中性至弱碱性、排水良好但能保持水分的土壤，光照充足。根部需有遮阴。

繁育新植株：中夏时，取 7.5 ~ 10cm 长的插条，扦插在花盆中，花盆中培养土由湿润腐叶土和细砂各半混合而成。花盆置于较温暖的环境中。

生长：需提供支撑。

⬆4.5 ~ 6m或更高 ↔1.5 ~ 1.8m或更宽

甘青铁线莲（Clematis tangutica）

耐寒、生长旺盛的速生落叶藤蔓植物，叶片为灰绿色，晚夏至中秋期间会开出灯笼形的深黄色花朵。

土壤和环境：喜肥沃、中性至弱碱性、排水良好但能保持水分的土壤，光照充足。根部需有遮阴。

繁育新植株：中夏时，取 7.5 ~ 10cm 长的插条，扦插在花盆中，花盆中培养土由湿润腐叶土和细砂各半混合而成。花盆置于较温暖的环境中。

生长：需提供支撑。

⬆4.5 ~ 6m ↔2.1 ~ 3m

"里昂村庄"（Ville de Lyon）铁线莲（Clematis）大花杂交种

耐寒落叶藤蔓植物，中夏至初秋期间会开明亮胭脂红色的大型花朵，花瓣边缘呈深红色。

土壤和环境：喜肥沃、中性至弱碱性、排水良好但能保持水分的土壤，光照充足。根部需有遮阴。

繁育新植株：中夏时，取 7.5 ~ 10cm 长的插条，扦插在花盆中，花盆中培养土由湿润腐叶土和细砂各半混合而成。花盆置于较温暖的环境中。

生长：需提供支撑。

⬆3 ~ 4.5m ↔1.2 ~ 1.8m

阿特拉斯金雀（Cytisus battandieri）
摩洛哥金雀花（Moroccan Broom）
菠萝金雀花（Pineapple Broom）

较柔弱的落叶大型灌木，初夏时会开出金黄色带菠萝香气的花朵。

土壤和环境：喜相对肥沃、中性、轻质且排水良好的土壤，种在背靠向阳墙壁的位置。

繁育新植株：春季在阳畦中播种繁殖。

生长：背靠温暖的墙壁种植。

⬆3 ~ 4.5m ↔2.4 ~ 3.6m

中亚木藤蓼（Fallopia baldschuanica）
一分钟一英里藤（Mile-a-minute Vine）
俄罗斯藤（Russian Vine）

耐寒、生长旺盛的落叶藤蔓植物，中夏至秋季会开出淡粉色或白色花朵，花朵形成羊绒般的花簇，长达45cm。

土壤和环境：喜适度肥沃、排水良好但能保持水分的土壤，环境方面无特殊要求。

繁育新植株：中夏和晚夏时，取 7.5 ~ 10cm 长的插条，扦插在花盆中，花盆置于阳畦中。

生长：需提供支撑。

⬆9 ~ 12m ↔9 ~ 12m

棉绒树（Fremontodendron californicum）

较柔弱的落叶或半常绿灌木，晚春至秋季会开出杯状的金黄色花朵，直径为 5cm。"加州荣耀"（Califoman Glory）为自然开花型。

土壤和环境：适度肥沃、轻质、排水良好但能保持水分的土壤，种植在阳光充足的荫蔽处。

繁育新植株：初春和中春时，在较温暖的环境中，均匀稀疏地撒种于播种盘（平底盘）中，播种深度为 3mm。

生长：支撑非常关键。

⬆1.8 ~ 3m ↔1.8 ~ 2.4m

丝缨花（Garrya elliptica）

耐寒的常绿灌木，叶片厚呈皮革状，晚冬和早春期间会长出悬垂的灰绿色柔荑花序，长达 23cm。

土壤和环境：喜排水良好的土壤，光照充足或适度荫蔽。在光线充足的地方，花会开得最好。

繁育新植株：晚夏时，从半成熟副梢上取 7.5～10cm 长的插条，扦插在花盆中，花盆置于阳畦中。

生长：不需要支撑。

↕ 2.1～3m 或更高　↔ 1.8～2.1m 或更宽

冠盖绣球亚种（Hydrangea anomala subsp. petiolaris）
日本绣球花（Japanese Climbing Hydrangea）

也被称为藤绣球（Hydrangea petiolaris），这种耐寒、生长旺盛的落叶藤蔓植物在初夏时会开出乳白色的花朵，其聚伞花序的直径可达 25cm。

土壤和环境：喜肥沃、能保持水分但排水良好的土壤。

繁育新植株：中夏时，取 7.5～10cm 长的插条，扦插在花盆中，花盆中培养土由湿润腐叶土和细砂各半混合而成。花盆置于阳畦中。

生长：需提供支撑。

↕ 9m　↔ 9m

迎春花（Jasminum nudiflorum、Winter-flowering Jasmine）

耐寒、形态松散的落叶墙面灌木，在晚秋至晚春期间，其柔韧的茎干上会开出亮黄色花朵，直径约为 2.5cm。开花时茎干上并不长叶片。

土壤和环境：喜排水良好的普通土壤，背靠遮阴墙壁。

繁育新植株：最简单的繁育方式是在初秋或中秋时，对低矮的茎干进行压条。生根大约需要一年时间。

生长：需提供支撑。

↕ 1.2～1.8m　↔ 1.5～1.8m

素方花（Jasminum officinale）
素方馨花（Common White Jasmine）
诗人茉莉（Poet's Jessamine）

耐寒、生长旺盛的落叶藤蔓植物，有缠绕习性。初夏至秋季会成簇开出纯白花朵。

土壤和环境：喜排水良好但能保持水分的土壤，种在温暖避风的位置，喜好光照充足。

繁育新植株：秋季时压条繁殖，也可以在晚夏时取半成熟带踵枝条插条，扦插在花盆中，花盆置于较温暖的环境中。

生长：需提供支撑。

↕ 6～7.5m　↔ 5.4～6m

智利钟花（Lapageria rosea）
智利钟花（Chilean Bell Flower）

半耐寒的常绿藤蔓植物，在户外种植需要温暖避风的位置。另外，它也可以种在温室里。从中夏到秋季会开出悬垂的玫红色钟形花朵。

土壤和环境：喜排水良好但能保持水分、中性或弱酸性的土壤。

繁育新植株：春季时压条繁殖，也可以春季在温室里播种。

生长：需提供支撑。

↕ 2.1～3.6m　↔ 1.5～2.1m

忍冬（Lonicera japonica）
日本忍冬（Japanese Honeysuckle）

耐寒、生长缓慢的常绿藤蔓植物，初夏至秋季会开出白色至浅黄色的芬芳花朵。

土壤和环境：喜中等肥沃、排水良好但能保持水分的土壤，光照充足，尤喜部分遮阴。

繁育新植株：中夏至晚夏时，取 7.5cm 长的插条，扦插在花盆中，花盆置于阳畦。也可在秋季时采用压条繁殖。

生长：需提供支撑。

↕ 4.5～7.5m　↔ 3～4.5m

"比利时"（Belgica）香忍冬（Lonicera periclymenum）
荷兰早忍冬（Early Dutch Honeysuckle）

耐寒的落叶藤蔓植物，晚春至初夏会开出紫红和黄色的花朵，散发着甜香。

土壤和环境：喜中等肥沃、排水良好但能保持水分的土壤，光照充足，尤喜部分遮阴。

繁育新植株：中夏和晚夏时，取 10cm 长的插条，扦插在阳畦中。也可在秋季时采用压条繁殖。

生长：需提供支撑。

↑ 4.5～6m ↔ 3.6～4.5m

"瑟诺"（Serotina）香忍冬（Lonicera periclymenum）
荷兰晚忍冬（Late Dutch Honeysuckle）

耐寒的落叶藤蔓植物，中夏至秋季会开花，花朵外面呈紫红色，内部为乳白色，散发着甜香。

土壤和环境：中等肥沃、排水良好但能保持水分的土壤，光照充足，尤喜部分遮阴。

繁育新植株：中夏和晚夏时，取 10cm 长的插条，扦插在阳畦的花盆中。也可在秋季时采用压条繁殖。

生长：需提供支撑。

↑ 4.5～6m ↔ 3.6～4.5m

盘叶忍冬（Lonicera tragophylla）
中国忍冬（Chinese Woodbine）

耐寒、生长旺盛的藤蔓植物，初夏至中夏会开出轮生的金黄色花朵。

土壤和环境：喜中等肥沃、排水良好但能保持水分的土壤，光照充足，尤喜部分遮阴。确保根部有荫蔽。

繁育新植株：中夏或晚夏时，取 10cm 长的插条，扦插在阳畦中。也可在秋季时采用压条繁殖。

生长：需提供支撑。

↑ 3.6～5.4m ↔ 3～4.5m

西番莲（Passiflora caerulea）
蓝色热情花（Blue Passion Flower）
普通热情花（Common Passion Flower）

较柔弱、几乎常绿的藤蔓植物，初夏至晚夏会开花，花朵直径可达 7.5cm。每朵花拥有白色的花瓣和蓝紫色的花蕊。

土壤和环境：喜中等肥沃、排水良好但能保持水分的土壤，种植在温暖避风的位置。

繁育新植株：中夏时，取 7.5～10cm 长的插条，扦插在较温暖的阳畦中。

生长：需提供支撑。

↑ 1.8～4.5m ↔ 1.8～4.5m

皱波花茄（Solanum crispum）
智利土豆树（Chilean Potato Tree）

较柔弱、丛生、半常绿的藤蔓植物，初夏至晚夏会开出蓝紫色的星形花朵，花朵带有突出的花粉囊。"格拉斯奈文"（Glasnevin）品种更耐寒且开花更多一些。

土壤和环境：喜中等肥沃、排水良好但能保持水分的土壤，光照充足或部分遮阴。

繁育新植株：中夏时，取 7.5cm 长的插条，扦插在花盆中，花盆置于较温暖的环境。

生长：需提供支撑。

↑ 3～6m ↔ 3～6m

星茄藤（Solanum laxum）
茉莉茄（Jasmine Nightshade）
土豆藤（Potato Vine）

适度耐寒的常绿灌木，也被称为素馨叶白英（Solanum jasminoides），具有缠绕茎，中夏至秋季会开出成簇的淡蓝色星形花朵，花朵具有金黄色的花粉囊。

土壤和环境：喜中等肥沃、排水良好但能保持水分的土壤，光照充足或部分遮阴。

繁育新植株：中夏时，取 7.5cm 长的插条，扦插在花盆中，花盆置于较温暖的环境。

生长：支撑非常关键。

↑ 3～4.5m ↔ 2.4～3.6m

络石（Trachelospermum jasminoides）
星芒茉莉（Star Jasmine）

　　耐寒的常绿藤蔓植物，中夏至晚夏会开出松散成簇的小朵白花，散发着香气。

　　土壤和环境：喜轻质、贫瘠至中等肥沃、排水良好但能保持水分的弱酸性土壤，种植在温暖的位置。

　　繁育新植株：中夏或晚夏时，取 7.5 ~ 10cm 长的插条，扦插在花盆中，花盆置于较温暖的环境。也可以在晚夏或初秋时采取压条的方式进行繁育。

　　生长：需提供支撑。

↕ 3 ~ 4.5m　↔ 3 ~ 4.5m

多花紫藤（Wisteria floribunda）
日本紫藤（Japanese Wisteria）

　　耐寒、生长旺盛的落叶藤蔓植物，晚春至初夏会开出蓝紫色的芬芳花朵，花朵悬垂为美丽的花簇，长度可达 30cm。另外也有白花品种。

　　土壤和环境：喜肥沃、能保持水分但排水良好的土壤，种植在阳光充足的避风位置。

　　繁育新植株：中夏时，取 7.5 ~ 10cm 长的插条，扦插在花盆中，花盆置于较温暖的环境。

　　生长：需提供支撑。

↕ 7.5 ~ 9m或更高　↔ 7.5 ~ 9m或更宽

紫藤（Wisteria sinensis）
中国紫藤（Chinese Wisteria）

　　耐寒、生长异常旺盛的落叶藤蔓植物，晚春至初夏会开出淡紫色的芬芳花朵，花朵悬垂为花簇，长度可达 30cm。"白花"（Alba）品种会开出白色的花朵。

　　土壤和环境：喜肥沃、能保持水分但排水良好的土壤，种植在阳光充足的避风位置。

　　繁育新植株：中夏时，取 7.5 ~ 10cm 长的插条，扦插在花盆中，花盆置于较温暖的环境。

　　生长：需提供支撑。

↕ 15m或更高　↔ 15m或更宽

更多花卉类藤蔓植物

　　除了上面图示和介绍的花卉类藤蔓植物外，还有很多同样令人赏心悦目的其他品种，包括：

- 三叶木通（Akebia trifoliata）：在气候温暖的地区，这种生长旺盛的落叶缠绕藤蔓植物为常绿型，晚春时会开出巧克力色的花朵，之后会结出香肠型的紫色果实，长约 13cm。它非常适宜靠墙种植，可以搭简单的藤架。

- 大叶铁线莲（Clematis heracleifolia）：一种带有草本特性的特殊铁线莲，在庭院边缘区域通常能长到 90cm ~ 1.2m 高。不过，它也可以通过支撑进行攀爬，可在庭院边缘区域形成高度差异。晚夏至初秋会开出成簇蓝紫色的管状花。

- "外卷"（Revolutum）矮探春（Jasminum humile）[意大利黄茉莉（Italian Yellow Jasmine）]：蔓生的常绿灌木靠墙种植在温暖避风的位置；整个夏季会开出芬芳的黄色小花，花朵顶端聚生。

- 淡红素馨（Jasminum × stephanense）：落叶或半常绿藤蔓植物，有缠绕和攀爬习性，适合作为藤架和拱门展示。初夏时会开出芬芳的淡粉色花朵，花朵成簇，长 5 ~ 7.5cm。

- 美洲杂种忍冬（Lonicera × americana）：生长旺盛的落叶藤蔓植物，可以很快覆满棚架，初夏后段以及进入中夏期间会开出成簇的黄紫色花朵，芬芳扑鼻。每朵花长约 5cm，直径约为 3.5cm。

- 羊叶忍冬（Lonicera caprifolium）[意大利忍冬（Italian Woodbine）/ 穿叶忍冬（Perfoliate Woodbine）]：生长旺盛的落叶藤蔓植物，无定型，初夏后段以及进入中夏期间会开出微染粉色的乳白色花朵，芬芳扑鼻。适宜用来在乡间庭院中覆盖简陋的藤架或棚架。

- 贯月忍冬（Lonicera sempervirens）[喇叭忍冬（Trumpet Honeysuckle）/ 珊瑚忍冬（Coral Honeysuckle）]：生命力旺盛的灌木，在寒冷的温带显得较柔弱。在温暖的地区，它保持常绿，但通常部分落叶。在寒带，它只能在大型温室中生长。从初夏到晚夏，它会开出细长的成簇花朵，外部呈鲜艳的橘红色，内部为橘黄色。

- 台尔曼忍冬（Lonicera × tellmanniana）：一种美丽的杂交忍冬，生长迅速但较为柔弱，因此，它最好在背靠温暖避风的墙壁处种植。初夏至中夏时，它会开出聚生的红色和黄色花朵。

- 钻地风（Schizophragma integrifolium）：一种耐寒的落叶藤蔓植物，适宜装饰靠墙的棚架或藤架，也可被用来覆盖树桩。从中夏到初秋，它会开出白色小花，花朵周围环绕着长长的白色苞片。

一年生藤蔓植物

一年生藤蔓植物的种子可以每年撒播,可撒在较为保暖的播种盘(平底盘)中,或者直接播在定好的种植位置。具体播种方式取决于植物的特性,下文针对每一种一年生藤蔓植物都有详细说明。我们要从信誉良好的卖家购买新鲜种子,这样种植的成活率会更高,不过需要提早一点订购,以确保种子能够在播种期之前送达。

**来点
调味品!**

来自南美的一年生植物旱金莲的花蕾和未成熟的种子在腌渍以后,可为食物调味。

其他一年生藤蔓植物

除了下文图示的这些植物外,还有另外两类一年生藤蔓植物也非常有特点,值得考虑纳入自家庭院的垂直植被体系中。

- 智利悬果藤(Eccremocarpus scaber):常绿藤蔓植物,在大多数温带地区半耐寒,因此通常作为一年生植物来种植。从初夏到秋季会开出橘红色花朵。
- "天蓝"(Heavenly Blue)三色牵牛:也被称为红蓝牵牛或圆萼天茄,这种半耐寒的多年生植物通常作为一年生植物来种植,从中夏到晚夏会开出天蓝色的花朵。

旱金莲的植株具有松散不羁的形态,因此非常适合用来装饰简陋的栅栏。

"多泡"(Frothy)砖红刺莲花(Caiophora lateritia)

两年生或寿命较短的多年生植物,通常作为半耐寒的一年生植物来种植。花期为初夏到晚夏,花朵的直径可达5cm,颜色会从铜橙色变化为白色。

土壤和环境:喜肥沃、能保持水分但排水良好的土壤,阳光充足。

繁育新植株:春季在较为保暖的播种盘(平底盘)中播种,等霜冻期彻底结束以后,以小群组的形式将幼苗移植到室外。

生长:喜欢顺着小型灌木向上攀爬。

↕ 1.2~1.8m ↔ 60~90cm

**电灯花(Cobaea scandens)
教堂钟(Cathedral Bells)**

半耐寒的多年生植物,通常作为半耐寒的一年生植物来种植,花朵为钟形,紫红色,花托为绿色。花期贯穿整个夏季。

土壤和环境:喜中等肥沃、排水良好的土壤,光照充足,避冷风。避免土壤过分肥沃。

繁育新植株:中春时播种于较为保暖的播种盘(平底盘)中,等霜冻期结束以后,将幼苗移植到室外。

生长:支撑非常关键。

↕ 3~3.6m ↔ 1.5~2.1m

**圆叶牵牛(Ipomoea purpurea)
普通牵牛花(Common Morning Glory)**

也被称之为大旋花(Convolvulus major)和紫花牵牛(Pharbitis purpurea),这种耐寒的一年生植物会开出漏斗形的紫色大花,花朵直径可达7.5cm,花期为中夏至秋季霜冻期。

土壤和环境:喜肥沃、轻质、排水良好但能保持水分的土壤,光照充足,避强风。

繁育新植株:晚春时在合适的位置播种即可。

生长:需提供支撑。

↕ 2.4~3m ↔ 1.5~2.1m

香豌豆（Lathyrus odoratus）
甜豌豆（Sweet Pea）

　　耐寒的一年生植物，初夏至晚夏会开出大量芬芳的花朵。花朵的色域跨度大，包括红色、蓝色、粉色、紫色和白色。

　　土壤和环境：喜肥沃、能保持水分的土壤，光照充足。

　　繁育新植株：晚冬或早春时在较温暖的环境中播种。晚春或初夏时可根据气候情况，让植株先适应室外气温，再移植到庭院。

　　生长：需提供支撑。

↕ 1.8～3m　↔ 1.5～2.1m

"珠宝混搭"（Jewel Mixed）冠子藤（Lophospermum scandens）
藤蔓金鱼草（Climbing Snapdragon）

　　也被称为彩钟蔓（Asarina scandens），这种半耐寒的多年生植物通常被当成半耐寒的一年生植物来种植。中夏至秋季会开出紫色、白色、粉色和深蓝色的花朵。

　　土壤和环境：喜肥沃、排水良好但能保持水分的土壤，光照充足。

　　繁育新植株：春季时，在播种盘中稀薄均匀地播种，并放置在较温暖的环境中。另外，也可以在晚春或初夏时在预定的位置播种。

　　生长：支撑非常关键。

↕ 1.2～2.4m　↔ 30～60cm或更宽

"混合"（Mixed）金鱼藤（Maurandella antirrhiniflora）
缠绕金鱼草（Twining Snapdragon）

　　也被称为蔓金鱼草（Asarina antirrhiniflora），这种柔嫩的多年生藤蔓植物通常被当成半耐寒的一年生植物来种植。从春季到秋季会开出紫色或白色的花朵，花形和金鱼草很像。

　　土壤和环境：喜肥沃、排水良好但能保持水分的土壤，光照充足。

　　繁育新植株：春季时，在播种盘中播种，并放置在较温暖的环境中。另外，也可以在晚春或初夏时播种在预定的位置。

　　生长：需提供支撑。

↕ 1.2～1.8m　↔ 60～90cm

翼叶山牵牛（Thunbergia alata）
黑眼苏珊（Black-eyed Susan）

　　半耐寒的一年生藤蔓植物，从初夏到初秋期间会开出独特的白色、黄色或橘色花朵，花朵中间有一个特别的巧克力色的"眼睛"。

　　土壤和环境：喜适度肥沃、排水良好但能保持水分的土壤，适宜种植在光照充足且避风的位置。

　　繁育新植株：初春或中春时在花盆中播种，播种深度为 6mm，花盆放置在较温暖的区域。等霜冻期结束以后，将植株移植到庭院中。

　　生长：需提供支撑。

↕ 1.8～3m　↔ 1.5～1.8m

旱金莲（Tropaeolum majus）
园艺金莲花（Garden Nasturtium）
印度水芹（Indian Cress）
金莲花（Nasturtium）

　　多年生做一年生栽培的半蔓生或倾卧植物，初夏至初秋期间会开花，具有微弱香气。有红色、粉色、褐红色、黄色和橘色多个品种。

　　土壤和环境：喜排水良好但能保持水分的土壤，忌过度肥沃，光照应充足。

　　繁育新植株：中春或晚春时，在预定的位置播种，深度为 6～12mm。

　　生长：需提供支撑。

↕ 1.8～2.4m　↔ 90cm～1.4m

金丝雀旱金莲（Tropaeolum peregrinum）
加那利藤（Canary Creeper）
金丝雀花（Canary-bird Flower）

　　寿命较短的多年生植物，通常作为耐寒的一年生植物来种植，叶片为蓝绿色的五裂形，中夏至秋季霜冻期间会开出形状不规则的淡黄色花朵，每朵花上有一个绿色的花距。

　　土壤和环境：喜肥沃、排水良好但能保持水分的土壤，光照充足。

　　繁育新植株：中春或晚春时，在预定的位置播种，播种深度为 6～12mm。

　　生长：需提供支撑。

↕ 1.8～3m　↔ 1.2～1.4m

赏叶植物

本书中所描绘的大多数赏叶类藤蔓植物都属于常绿型，全年都可进行观赏。在春季和初夏时，这些植物的叶片通常会更鲜嫩更充满生机。除此之外，还介绍了一些落叶型或草本型的藤蔓植物，到秋季叶片便会凋落或枯萎，到来年的春季和初夏时又会长出美丽的新叶来。切记要选择那些生长特性与空间环境相匹配的藤蔓植物。

百搭的赏叶类藤蔓植物

藤蔓植物叶片的颜色和形状各异，其中包括占主导地位的杂色型，如"金心"洋常春藤亮绿色的叶片上面夹杂着黄色，又如"金黄"素方花，它的叶片上分散着浅黄色，显得非常迷人。在为庭院挑选赏叶藤蔓植物时，注意不要让它完全抢了邻近植物或雕像的"风头"。

如果藤蔓植物的叶片不大，像"金心"洋常春藤这样，那么它的生长特性与"端庄"二字肯定是沾不上边的；但从远处欣赏，相比只是被稀疏的大叶型植物叶片覆盖的墙壁，被色泽艳丽的小叶片完全覆盖的墙面更具有色彩冲击力。

杂色的常春藤非常适合为雕塑营造出全年都富有吸引力的背景。

关于常春藤的传说

传说常春藤不仅能给女性带来好运，还有助于促成少女的姻缘。

希腊的牧师会为新婚夫妇戴上常春藤做成的花环，作为婚姻忠诚的象征。

中华猕猴桃（Actinidia chinensis）
中国醋栗（Chinese Gooseberry）

也被称之为美味猕猴桃（Actinidia deliciosa），这种生长旺盛、较柔弱的落叶藤蔓植物拥有心形的深绿色大叶片。初夏至晚夏期间会开出乳白色的花朵。

土壤和环境：喜肥沃、排水良好且能保持水分的土壤，带弱酸性尤佳。光照充足或部分遮阴。

繁育新植株：中夏时，取 7.5 ~ 10cm 长的插条，扦插在花盆中，花盆中培养土由湿润腐叶土和细砂各半混合而成，置于较温暖环境中。

生长：支撑非常关键。

↕ 6 ~ 7.5m ↔ 6 ~ 7.5m或更宽

狗枣猕猴桃（Actinidia kolomikta）
狗枣藤（Kolomikta Vine）

耐寒的落叶墙面灌木，叶片为深绿色，叶片尖端和上半部分有白色或粉色的区域。

土壤和环境：喜肥沃、排水良好且能保持水分的土壤，带弱酸性尤佳。光照充足或部分遮阴。

繁育新植株：中夏时，取 7.5 ~ 10cm 长的插条，扦插在花盆中，花盆中培养土由湿润腐叶土和细砂各半混合而成，置于较温暖环境中。

生长：需提供支撑。

↕ 2.4 ~ 3.6m ↔ 2.4 ~ 4.5m

"马伦戈的光荣"（Gloire de Marengo）
加拿利常春藤（Hedera canariensis）

也被称为"杂色"（Variegata）加拿利常春藤，这种耐寒、生长旺盛的常绿藤蔓植物拥有深绿色的大叶片，厚实革质，边缘呈现出银灰色和白色。

土壤和环境：喜中等肥沃、排水良好且能保持水分的土壤。光照充足或部分遮阴。

繁育新植株：中夏时，取 7.5 ~ 10cm 长的插条，扦插在花盆中，花盆中培养土由湿润腐叶土和细砂各半混合而成，置于较温暖环境中。

生长：可自支撑，无需支撑。

↕ 4.5 ~ 6m ↔ 4.5 ~ 6m

"金边"（Dentata Variegata）大叶常春藤（Hedera colchica）

　　也被称为"黄边"（Dentata Aurea）大叶常春藤，这种耐寒、生长旺盛的常绿藤蔓植物拥有亮绿色的叶片，厚实革质，长达20cm，边缘呈现出淡绿色和乳白色。

　　土壤和环境：喜中等肥沃、排水良好且能保持水分的土壤。光照充足或部分遮阴。

　　繁育新植株：中夏时，取7.5～10cm长的插条，扦插在花盆中，花盆中培养土由湿润腐叶土和细砂各半混合而成，置于较温暖环境中。

　　生长：可自支撑，无需支撑。

↕6～7.5m　↔6～7.5m

"硫磺心"（Sulphur Heart）大叶常春藤（Hedera colchica）

　　也被称为"帕蒂的骄傲"（Paddy's Pride）大叶常春藤，这种耐寒、生长旺盛的常绿藤蔓植物拥有深绿色的宽大卵形叶片，厚实革质，叶片表面散布着无规则条纹状的亮黄色条纹。

　　土壤和环境：喜中等肥沃、排水良好且能保持水分的土壤。光照充足或部分遮阴。

　　繁育新植株：中夏时，取7.5～10cm长的插条，扦插在花盆中，花盆中培养土由湿润腐叶土和细砂各半混合而成，置于较温暖环境中。

　　生长：可自支撑，无需支撑。

↕5.4～6m　↔5.4～6m

"金心"（Goldheart）洋常春藤（Hedera helix）

　　也被称为"博利亚斯科金"（Oro di Bogliasco）洋常春藤，这种耐寒、生长旺盛的常绿藤蔓植物拥有亮绿色的小叶，叶片中心长有着黄色的色斑。

　　土壤和环境：喜贫瘠至中等肥沃、排水良好且能保持水分的土壤。光照充足或部分遮阴。

　　繁育新植株：中夏时，从当季生长的枝条上取7.5cm长的插条，扦插在花盆中，花盆中培养土由湿润腐叶土和细砂各半混合而成，置于较温暖环境中。

　　生长：可自支撑，无需支撑。

↕3.6～7.5m　↔3.6～7.5m

"黄叶"（Aureus）啤酒花（Humulus lupulus）
金叶啤酒花（Golden-leaved Hop）

　　这种耐寒、生长旺盛的草本藤蔓植物拥有攀爬茎干，上面浓密地覆盖着黄绿色的叶片，叶片为3至5裂。

　　土壤和环境：喜肥沃、能保持水分但排水良好的土壤，光照充足。肥沃的土壤非常关键。

　　繁育新植株：秋季或春季时，用园艺叉挖出根部，并将其分为几部分，移植从块根边缘割下来的根茎嫩芽。

　　生长：秋季除掉老茎干。

↕1.8～3m　↔1.8～3m

"金黄"（Aureum）素方花（Jasminum officinale）

　　也被称为"金边"（Aureovarie-gatum）素方花，这种较柔弱的落叶藤蔓植物的叶片上呈现着浅黄色。

　　土壤和环境：喜中等肥沃、排水良好且能保持水分的土壤，种植在光照充足的避风位置。

　　繁育新植株：晚夏期间，从当季生长的枝条上取7.5cm长的插条，扦插在花盆中，花盆中培养土由湿润腐叶土和细砂各半混合而成，置于略温暖环境中。

　　生长：需提供支撑。

↕4.5～6m　↔3～4.5m

"黄斑叶"（Aureoreticulata）忍冬（Lonicera japonica）

　　也被称为"杂色"（Variegata）忍冬，这种较柔弱的常绿或半常绿的藤蔓植物拥有椭圆形的亮绿叶片，叶片中脉和叶脉衬有黄色条纹，极富美感。在特别寒冷的冬季，茎干会枯死，叶片也会掉落。令人遗憾的是，这种植物极少开花。

　　土壤和环境：喜相对肥沃、排水良好的土壤，阳光充足或稍稍遮阴。

　　繁育新植株：晚夏或初秋时压条繁育。

　　生长：需提供支撑。

↕1.2～2.4m　↔1.2～1.5m

秋季变色植物

应该在哪儿种这些植物？

大多数秋季变色植物的生长都非常旺盛，适宜用来装饰面积较大的墙面。有些品种，譬如地锦类，也可以攀爬树木起到装饰作用，而"紫叶"（Purpurea）葡萄（Vitis vinifera）如果种在位于简易中庭或横跨道路的藤架上，看起来也非常赏心悦目。这种植物也被称为"染色葡萄"（Dyer's Grape），因为在古代它曾被用于增添葡萄酒的色泽。相比之下，花叶地锦（Parthenocissus henryana）的生长速度要慢一些，尤其是在幼年时期。

让人眼前一亮的藤蔓植物

很多秋色藤蔓植物都具有极其旺盛的生长特性，其色彩艳丽的叶片可以快速覆盖藤架和巨大的墙壁，正因此，我们需要谨慎挑选品种；相比控制爬墙的藤蔓植物，长在藤架上的藤蔓更易于修剪造型。此外，选择藤架支撑亦不会让植物恣意生长，侵犯到邻居家的地盘，从而引发纷争。

由于秋色类藤蔓植物通常靠墙种植，那里的土壤相比开阔的庭院会更干燥些，因此，它们基本上都能在秋季展现出美丽的色彩特征来；不过，种植在边界处的秋色类灌木通常不太会变幻出惊艳的色彩来，尤其是当土壤潮湿时，即便气温降低以后亦是如此。

藤蔓植物秋季变色的叶片覆盖在藤架上，形成了让人过目难忘的华丽景致。

藤蔓植物还是藤本植物？

在欧洲，具有攀爬属性的植物通常被称为"藤蔓植物"，而在北美，无论是习性或品种，它们一般都被叫做"藤本植物"。

南蛇藤（Celastrus orbiculatus）
苦甜藤（Bittersweet）
东方苦甜藤（Oriental Bittersweet）

耐寒、生长旺盛的藤蔓植物，半绿的叶片在秋季会显露出明显的黄色来。

土壤和环境：对土壤要求不严，在湿润、排水性好的肥沃沙质土壤中生长最好。阳光充足的避风位置，避免白垩质土壤。

繁育新植株：初冬时播种，也可在秋季对嫩枝进行压条繁育。

生长：需提供支撑，也可以攀爬至树上。

⬆ 6～9m　↔ 6～7.5m

花叶地锦（Parthenocissus henryana）
中国弗吉尼亚爬山虎（Chinese Virginia Creeper）

耐寒的落叶藤蔓植物，叶片为深绿色，上面长有白色和粉色的斑驳杂色。到了秋季，杂色会增多，绿色变成亮红色。

土壤和环境：喜适度肥沃、排水良好但能保持水分的土壤，阳光充足，靠墙的避风位置。

繁育新植株：晚夏期间，从当季生长的枝条上取10cm长的插条，扦插在花盆中，置于较温暖的环境中。

生长：可自支撑，但有额外支撑会更好。

⬆ 6～7.5m　↔ 3.6～4.5m

五叶地锦（Parthenocissus quinquefolia）
真弗吉尼亚爬山虎（True Virginia Creeper）
弗吉尼亚爬山虎（Virginia Creeper）

耐寒、生长旺盛的落叶藤蔓植物，叶片为五裂（偶见三裂），秋季时会染上鲜艳的绯红色和橙色。

土壤和环境：喜肥沃、能保持水分的土壤，阳光充足或部分遮阴。

繁育新植株：晚夏期间，从当季生长的枝条上取10cm长的插条，扦插在花盆中，置于较温暖的环境中。

生长：可自支撑。

⬆ 10.5～18m或更高　↔ 10.5m或更宽

地锦（Parthenocissus tricuspidata）
波士顿常春藤（Boston Ivy）
日本爬山虎（Japanese Creeper）

也被称为爬山虎（Vitis inconstans），属于耐寒、生长旺盛的落叶藤蔓植物，叶片在秋季会染上鲜艳的绯红色和深红色。

土壤和环境：喜肥沃、能保持水分的土壤，阳光充足或部分遮阴。

繁育新植株：晚夏期间，从当季生长的枝条上取10cm长的插条，扦插在花盆中，置于较温暖的环境中。

生长：可自支撑。

↕9～12m ↔6～9m

"维氏"（Veitchii）地锦（Parthenocissus tricuspidata）

耐寒、生长旺盛的藤蔓植物，叶片幼嫩时微染紫色。秋季时，叶片会呈现鲜艳的深红色和绯红色。

土壤和环境：喜肥沃、能保持水分的土壤，阳光充足或部分遮阴。

繁育新植株：晚夏期间，从当季生长的枝条上取10cm长的插条，扦插在花盆中，置于较温暖的环境中。

生长：可自支撑。

↕9～12m ↔6～9m

山葡萄（Vitis amurensis）
阿穆尔葡萄（Amurland Grape）

耐寒、生长旺盛的落叶藤蔓植物，叶片较大，呈深绿色，下端绿色较浅，长有绒毛，通常为五裂。秋季时，叶片会转变为玫红、绯红和紫色。

土壤和环境：喜中等肥沃、排水良好但能保持水分、略带白垩质的土壤。大多数情况下都能很好地生长。

繁育新植株：初冬时，取25～30cm长的硬枝插条，扦插在户外避风的位置。

生长：需提供支撑。

↕7.5～12m或更高 ↔7.5～9m或更宽

紫葛葡萄（Vitis coignetiae）
红藤（Crimson Glory Vine）
日本红藤（Japanese Crimson Glory Vine）

耐寒、生长旺盛的落叶藤蔓植物，叶片为绿色，大而圆且带裂。秋季，叶片呈现出鲜艳的颜色：起初是黄色，然后变成橘红色，最后变成深红色。

土壤和环境：喜中等肥沃、排水良好但能保持水分、略带白垩质的土壤。大多数情况下都能茂盛地生长。

繁育新植株：秋季时采用压条繁殖。

生长：可自支撑。

↕12m或更高 ↔12m或更宽

"紫叶"（Purpurea）葡萄（Vitis vinifera）
染色葡萄（Dyer's Grape）
染匠葡萄（Teinturier Grape）

耐寒的落叶藤蔓植物，叶片为酒红色，大而圆且带裂。秋季时，叶片颜色会加深，转变为鲜艳的紫色，同时也会结出紫色的果实。

土壤和环境：喜中等肥沃、排水良好但能保持水分、略带白垩质的土壤。大多数情况下都能茂盛地生长。

繁育新植株：初冬时，取25～30cm长的硬枝插条，扦插在户外避风的位置。

生长：需提供支撑。

↕4.5～5.4m ↔4.5～5.4m

其他秋季变色的藤蔓植物

- 红三叶爬山虎（Parthenocissus himalayana var. rubrifolia）[喜马拉雅弗吉尼亚爬山虎（Himalayan Virginia Creeper）]：也被称为"紫叶"（Purpurea）三叶爬山虎（Parthenocissus himalayana），这种生长旺盛的耐寒落叶藤蔓植物的叶片由三片小叶构成，这些小叶在秋季会呈现出美丽的绯红色。另外在春季，它会先长出略带紫色的嫩叶，然后变绿。

- 粉叶地锦（Parthenocissus thomsonii）：耐寒的落叶藤蔓植物，叶片由五片小叶构成，春季为酒红色，秋季会逐渐变成紫红色。这种藤蔓植物并不像其大多数亲缘品种那般生长旺盛，但非常适合装饰藤架或墙面。

- 刺葡萄（Vitis davidii）：耐寒的落叶藤蔓植物，叶片较大，呈心形，幼嫩时为铜绿色，秋季变为鲜艳的深红色。它不像大多数葡萄属品种那样生长旺盛，但适宜于攀爬树木和覆盖藤架。此外，它也会结出黑色的小葡萄，可以食用。

种穗、果实和浆果

可结出种穗、果实和浆果的植物品类繁多，它们通常在秋冬季展现各种富有吸引力的景观。蓬松的种穗以及浆果被霜雪覆盖以后，显得尤为迷人，平枝枸子结出的红色果实能够与白雪形成强烈的对比。某些墙面灌木的浆果是黄色的，当阳光照射时就会显得格外引人注目。此类植物大多数都很耐寒，但种在向阳的墙壁附近更有益于它们生长。

墙壁、狭窄的边界和墙面灌木

若要在房前横铺一条路，则要注意路与墙面之间需间隔约 45 ~ 60cm 的距离。这样的空间足够用来种植平枝枸子之类的墙面灌木，而且打开的窗户也不会妨碍到道路通行。

如果是毗邻房屋墙壁的一条车道，我们可以在入口任意一旁预留 30cm 宽的种植区，火棘属是最理想的备选植物。它们很容易通过修剪被打造成引人注目的秋色胜景，此景色可以延续到冬季，而位于入口旁的位置既醒目又易于观赏。

闪亮的种穗

在秋季长出纤细种穗的藤蔓植物，能够进一步增加庭院的观赏程度，尤其当种穗上点缀着白色的霜华时。

平枝枸子是一种生命力旺盛的墙面灌木，秋季时可以结出大量的红色浆果。

中华猕猴桃（Actinidia chinensis）
中国醋栗（Chinese Gooseberry）

也被称为美味猕猴桃（Actinidia deliciosa），这种生长旺盛、较柔弱的落叶藤蔓植物长有心形的深绿色大叶片。在气候温暖的地区，如果雄花和雌花同时存在（通常开在不同的植株上），则会结出卵圆形的果实。

土壤和环境：喜肥沃、弱酸性、排水良好且能保持水分的土壤。光照充足或部分遮阴。

繁育新植株：中夏时，取 7.5 ~ 10cm 长的插条，扦插在花盆中，置于较温暖环境中。

生长：支撑非常关键。

↕ 6 ~ 7.5m ↔ 6 ~ 7.5m或更宽

南蛇藤（Celastrus orbiculatus）
苦甜藤（Bittersweet）

耐寒的落叶藤蔓植物，秋季会开出不显眼的青黄色小花，尔后结出褐色的蒴果，蒴果开口，即露出里面亮橙色和鲜红色的果实。

土壤和环境：可适应贫瘠至相对肥沃、能保持水分但排水良好的土壤，喜阳光充足的朝南或朝西位置，避免白垩质土壤。

繁育新植株：初冬时播种，也可秋季时对嫩枝进行压条繁育。

生长：需提供支撑，也可以让其攀爬至树上。

↕ 6 ~ 9m ↔ 6 ~ 7.5m

长瓣铁线莲（Clematis macropetala）

耐寒的落叶丛生藤蔓植物，晚春和初夏时会开出浅蓝或深蓝色的悬垂钟形花朵，然后结出银色的种穗。

土壤和环境：喜肥沃、中性至弱碱性、能保持水分但排水良好的土壤，光照充足。根部需遮阴。

繁育新植株：中夏时，取 7.5 ~ 10cm 长的插条，扦插在花盆中，花盆中培养土由湿润腐叶土和细砂各半混合而成。花盆置于较温暖的环境中。

生长：需提供支撑。

↕ 3 ~ 3.6m ↔ 1.8 ~ 2.4m

绣球藤（Clematis montana）
山铁线莲（Mountain Clematis）

　　耐寒且生长旺盛的落叶藤蔓植物，晚春和初夏时会开出大量纯白花朵，之后会结出富有吸引力的种穗。

　　土壤和环境：喜肥沃、中性至弱碱性、能保持水分但排水良好的土壤，光照充足。根部需遮阴。

　　繁育新植株：中夏时，取 7.5 ~ 10cm 长的插条，扦插在花盆中，花盆中培养土由湿润腐叶土和细砂各半混合而成。花盆置于较温暖的环境中。

　　生长：需提供支撑。

↥ 5.4 ~ 7.5m　↔ 5.4 ~ 7.5m

东方铁线莲（Clematis orientalis）
橘皮铁线莲（Orange-peel Clematis）

　　耐寒且生长旺盛的落叶藤蔓植物。晚夏至中秋时会开出悬垂的黄色花朵，散发着香味，然后结出银灰色的丝状种穗。

　　土壤和环境：喜肥沃、中性至弱碱性、能保持水分但排水良好的土壤，光照充足。根部需遮阴。

　　繁育新植株：中夏时，取 7.5 ~ 10cm 长的插条，扦插在花盆中，花盆中培养土由湿润腐叶土和细砂各半混合而成。花盆置于较温暖的环境中。

　　生长：需提供支撑。

↥ 3 ~ 6m　↔ 3 ~ 6m

白藤铁线莲（Clematis vitalba）
老头胡须（Old Man's Beard）
旅者之乐（Traveller's Joy）

　　耐寒且生长旺盛的木质藤蔓植物，具有攀爬习性。花朵为绿色或青白色，秋季和冬季则会长出大量的丝状种穗。

　　土壤和环境：喜弱碱性、排水良好但能保持水分的土壤，经过深耕，种在光照充足或稍微荫蔽的位置。根部需遮阴。

　　繁育新植株：采用压条繁殖。

　　生长：需提供支撑，也可以让其攀爬至其他植物上。

↥ 4.5 ~ 6m或更高　↔ 4.5 ~ 6m或更宽

平枝枸子（Cotoneaster horizontalis）
鱼骨枸子（Fishbone Cotoneaster）
岩石枸子（Rock Cotoneaster）

　　耐寒的落叶藤蔓植物，枝条起初为平伏状，随着时间的推移逐渐变为直立状。它的枝条呈鱼骨形，秋季时会结出密密麻麻的红色浆果。

　　土壤和环境：喜排水良好但能保持水分的土壤，种在光照充足或稍微荫蔽处。

　　繁育新植株：晚夏或秋季采用压条繁殖。

　　生长：喜欢倚靠在墙壁上。

↥ 60 ~ 90cm　↔ 1.2 ~ 1.8m

西番莲（Passiflora caerulea）
蓝色热情花（Blue Passion Flower）
普通热情花（Common Passion Flower）

　　较柔弱的落叶藤蔓植物，初夏至晚夏时会开花，之后会结出黄色的果实。

　　土壤和环境：喜中等肥沃、排水良好但能保持水分的土壤，种植在温暖避风的位置。

　　繁育新植株：中夏时，取 7.5 ~ 10cm 长的插条，扦插在花盆中。花盆置于较温暖的环境中。

　　生长：支撑很关键。

↥ 1.8 ~ 4.5m　↔ 1.8 ~ 4.5m

"黄花"（Flava）薄叶火棘（Pyracantha rogersiana）
火棘（Firethorn）

　　耐寒的常绿灌木，叶片为较深的绿色。初夏时会开出白色花朵，尔后秋季结出亮黄色的果实，几乎会挂上一整个冬季。

　　土壤和环境：喜经过深耕且排水良好的土壤，种在光照充足或稍微荫蔽处。

　　繁育新植株：从当季生长的枝条上取 7.5 ~ 10cm 长的插条，扦插在花盆中，置于较温暖的环境中。

　　生长：需提供支撑。

↥ 1.5 ~ 2.4m　↔ 1.2 ~ 1.8m

藤蔓月季和蔓生月季一览

藤蔓月季和蔓生月季在植株大小上有差异吗？

就生长状态和植株大小而言，藤蔓月季和蔓生月季的可选择范围非常宽泛。有些品种，譬如"保罗的喜马拉雅麝"，可以长到 7.5m 甚至更高；而"永恒的粉"和"新曙光"就长得低矮许多。有不少新式英国月季都非常适合作为小型藤蔓植物以及边界灌木来种植。我们可以通过选择不同的月季品种来适配可用空间以及种植方式。

用月季传递心声

有些藤蔓月季和蔓生月季拥有浪漫的名字，会让热恋中的情侣们产生有趣的联想。"怜悯"是一种现代藤蔓月季，其花朵主要为橙红色，微染杏黄，还会散发出美妙的香气。"梦幻女孩"属于藤蔓月季，拥有珊瑚粉色的花朵，散发浓香。"英雄"是一款新式英国月季，花朵为闪亮的粉色，香气浓郁。"新曙光"同属现代藤蔓月季，它的花朵成簇生长，颜色为闪亮的玫瑰红，由外向中心逐渐加深，同时会散发出清新的水果芳香。"婚礼日"为蔓生月季，生长旺盛，花朵簇生；花朵在花苞时为杏色，开放时为乳黄色，最后变成白色。它也具有沁人心脾的香气。

月季非常适合用来装饰嵌入墙壁的雕塑，不过花朵的颜色不应取代雕像成为视觉的中心。

无刺月季

无刺或少刺的藤蔓月季和蔓生月季适合种在庭院里，这样孩子们就能在庭院里玩耍，人们也可以放心地散步，不担心会被刮伤。此类月季品种包括"凯瑟琳哈洛普"（详见 46 页）、"蓝蔓"（详见 49 页）和"和风"（详见 49 页）。

"阿德莱德奥尔良"（Adélaïde d'Orléans）

长绿蔷薇型（Sempervirens）的藤蔓月季，叶片几乎常青。中夏时它会开出半重瓣的乳粉色小花，带有清新的香味。

土壤和环境：喜肥沃、能保持水分但排水良好的中性或弱酸性土壤，种在光照充足、空气流通性好的地方。

繁育新植株：从专业苗圃购买植株栽种。

生长：适宜于覆盖墙壁、拱门和藤架。

⬆ 3.6～4.5m ↔ 1.5～2.1m

"爱梅维贝尔"（Aimée Vibert）

诺易瑟特型（Noisette）藤蔓月季，具有丛生的特性，晚夏和初秋时节，其重瓣的纯白小花优雅地聚生在一起，还会散发出类似麝香的香气。

土壤和环境：喜肥沃、能保持水分但排水良好的中性或弱酸性土壤，种在光照充足、空气流通性好的地方。

繁育新植株：从专业苗圃购买植株栽种。

生长：既可以作为灌木来种植，也可以倚墙作为藤蔓植物来种植。

⬆ 3.6～4.5m ↔ 3m

"阿尔贝里克"（Albéric Barbier）

光叶蔷薇型（Wichuraiana）藤蔓月季，生长旺盛，初夏和中夏时会长出黄色小花蕾，然后开放成大朵重瓣的乳白色花朵，具有水果芬芳。

土壤和环境：喜肥沃、能保持水分且排水良好的中性或弱酸性土壤，种在光照充足、空气流通性好的地方。

繁育新植株：从专业苗圃购买植株栽种。

生长：适宜于覆盖墙壁、爬到树上或装扮拱门和藤架。

⬆ 4.5～6m ↔ 3.6～4.5m

"艾伯丁"（Albertine）

光叶蔷薇型蔓生月季，花朵近似重瓣，呈浅橙红色，有香味；它虽然不能重复开花，但开出的花非常多。

土壤和环境：喜肥沃、能保持水分且排水良好的中性或弱酸性土壤，种在光照充足、空气流通性好的地方。

繁育新植株：从专业苗圃购买植株。

生长：适宜于覆盖拱门或藤架，也可以攀爬至树上。

↕ 4.5~5.4m ↔ 3.6~4.5m

"亚历山大吉罗"（Alexandre Girault）

光叶蔷薇型蔓生月季，花朵芬芳，呈红粉色，开放后会逐渐舒展，呈四瓣，微微带有胭脂紫色，而且每片花瓣的根部隐约透着黄色。

土壤和环境：喜肥沃、能保持水分且排水良好的中性或弱酸性土壤，种在光照充足、空气流通性好的地方。

繁育新植株：从专业苗圃购买植株。

生长：花朵形态比较古典，适宜用来装饰拱门或藤架。

↕ 4.5~6m ↔ 3.6~4.5m

"阿利斯特·斯特拉·格雷"（Alister Stella Gray）

诺易瑟特型藤蔓月季，花朵为簇状，有香气，呈完全重瓣的莲座形，颜色为浅黄色，中心为橙色。它可以重复开花。

土壤和环境：喜肥沃、能保持水分且排水良好的中性或弱酸性土壤，种在光照充足、空气流通性好的地方。

繁育新植株：从专业苗圃购买植株。

生长：可用于装饰墙壁，或者作为灌木种在边界位置。

↕ 4.5m ↔ 3m

阿罗哈（Aloha）

2003年培育出的藤蔓月季，具有低矮的特性，通常为丛生。开出的花朵硕大，呈杯状，有香气，颜色为樱花粉色。可重复开花。

土壤和环境：喜肥沃、能保持水分且排水良好的中性或弱酸性土壤，种在光照充足、空气流通性良好的地方。

繁育新植株：从专业苗圃购买植株。

生长：靠墙种植，或者作为灌木种在边界位置，也可以用于装饰三脚架或立柱。

↕ 2.4m ↔ 2.4m

"鲍比詹姆斯"（Bobbie James）

蔷薇杂交型月季，具有蔓生的特性。中夏时会开出芬芳的半重瓣乳白色花朵，花蕊为亮黄色。植株的整体造型较自由奔放。

土壤和环境：喜肥沃、能保持水分且排水良好的中性或弱酸性土壤，种在光照充足、空气流通性好的地方。

繁育新植株：从专业苗圃购买植株。

生长：适合攀爬至树上，或者用于装饰藤架、遮挡不雅观的建筑。

↕ 6~7.5m ↔ 6~7.5m

藤蔓"塞西尔布伦纳"（Cécile Brunner）

类似中国无刺野蔷薇，生长旺盛，中夏时会开出形态优美的花朵，重瓣，略带香气，颜色为贝壳粉。

土壤和环境：喜肥沃、能保持水分且排水良好的中性或弱酸性土壤，种在光照充足、空气流通性好的地方。

繁育新植株：从专业苗圃购买植株。

生长：可靠墙种植，也可以攀爬至树上。

↕ 3.6~5.4m ↔ 3.6~5.4m

藤蔓"朱墨双辉"（Crimson Glory）

　　非常受欢迎的杂交茶香月季，具有枝干坚韧和喜分枝的特性，初春开出的花朵呈深红色，散发着浓郁香气。偶尔会重复开花。

　　土壤和环境：喜肥沃、能保持水分且排水良好的中性或弱酸性土壤，种在光照充足、空气流通性好的地方。

　　繁育新植株：从专业苗圃购买植株。

　　生长：非常适合装饰墙壁和修剪造型。

↕ 3.6~4.5m　↔ 2.1~2.8m

藤蔓"奥朗德之星"（Etoile de Hollande）

　　非常受欢迎的杂交茶香月季。它会开出形态松散的暗红色重瓣花朵，香气浓郁。开完第一波以后，晚夏时还会再次开花。

　　土壤和环境：喜肥沃、能保持水分且排水良好的中性或弱酸性土壤，种在光照充足、空气流通性好的地方。

　　繁育新植株：从专业苗圃购买植株。

　　生长：适合装饰墙壁。

↕ 4.5~5.4m　↔ 3.6~4.5m

藤蔓"西尔维娅夫人"（Lady Sylvia）

　　杂交茶香月季的一种，开出的花朵非常芳香，重瓣，花瓣为浅粉色，底部为黄色。它通常在晚夏时节开花。

　　土壤和环境：喜肥沃、能保持水分且排水良好的中性或弱酸性土壤，种在光照充足、空气流通性好的地方。

　　繁育新植株：从专业苗圃购买植株。

　　生长：适合靠墙种植。

↕ 3.6m　↔ 2.4~3m

藤蔓"希灵顿夫人"（Lady Hillingdon）

　　知名茶香月季的一种，生长旺盛。它分枝能力强，花期几乎贯穿整个夏季，花朵为半重瓣，杏黄色，芳香浓郁。

　　土壤和环境：喜肥沃、能保持水分且排水良好的中性或弱酸性土壤，种在光照充足、空气流通性好且温暖的地方。

　　繁育新植株：从专业苗圃购买植株。

　　生长：适宜栽种在向阳的墙壁前。

↕ 3.6~4.5m　↔ 2.1~2.4m

"风采连连看"（Constance Spry）

　　又称康斯坦斯普赖，是华丽的新式英国月季，初夏期间会开出牡丹形状的大型花朵，呈娇嫩的粉色，会散发出强烈的没药香味。它的花朵通常开在悬垂的茎干上。

　　土壤和环境：喜肥沃、能保持水分且排水良好的中性或弱酸性土壤，种在光照充足、空气流通性好的地方。

　　繁育新植株：从专业苗圃购买植株。

　　生长：可作为灌木或藤蔓植物来种植。

↕ 1.8~3m　↔ 1.8~2.1m

"多头桃红"（Crimson Shower）

　　光叶蔷薇科蔓生月季，花簇浓密，花朵为半重瓣，较小，呈亮深红色，花期从中夏持续到初秋。生长方式相当粗放。

　　土壤和环境：喜肥沃、能保持水分且排水良好的中性或弱酸性土壤，种在光照充足、空气流通性好的地方。

　　繁育新植株：从专业苗圃购买植株。

　　生长：非常适合用来装饰棚架、拱门和立柱。

↕ 2.1~3m　↔ 1.8~2.1m

"坛寺的火灯"（Danse du Feu）

现代藤蔓月季，花朵成簇，半重瓣，花形为球状，呈鲜亮的橙红色，但没什么香味。可重复开花。

土壤和环境：喜肥沃、能保持水分且排水良好的中性或弱酸性土壤，种在光照充足、空气流通性好的地方。

繁育新植株：从专业苗圃购买植株。

生长：非常适合用来装饰墙壁，尤其是背阴的墙壁。

↕ 2.4～3m ↔ 1.8～2.4m

"弗朗索瓦"（François Juranville）

光叶蔷薇科蔓生月季，具有小簇的珊瑚粉色重瓣花朵，花香浓烈似苹果，花期为初夏到中夏。

土壤和环境：喜肥沃、能保持水分且排水良好的中性或弱酸性土壤，种在光照充足、空气流通性好的地方。

繁育新植株：从专业苗圃购买植株。

生长：装饰藤架或拱门的理想植被。

↕ 4.5～6m ↔ 4.5～6m

"热尔布玫瑰"（Gerbe Rose）

光叶蔷薇型蔓生月季，粉色花朵大量簇生，重瓣，呈四分形，具有怡人的芍药芬芳。花期为中夏，尔后还会再开。花朵微染乳白色，通常开在硬枝上。

土壤和环境：喜肥沃、能保持水分且排水良好的中性或弱酸性土壤，种在光照充足、空气流通性好的地方。

繁育新植株：从专业苗圃购买植株。

生长：非常适合修剪为柱状造型种植。

↕ 3～3.6m ↔ 2.4～3m

"第戎的荣耀"（Gloire de Dijon）

诺易瑟特型藤蔓月季，花期较早且可以重复开花。花朵中等大小，重瓣，四分形，呈浅黄色，气味芬芳。

土壤和环境：喜肥沃、能保持水分且排水良好的中性或弱酸性土壤，种在光照充足、空气流通性好的地方。

繁育新植株：从专业苗圃购买植株。

生长：适合靠墙种植。

↕ 3.6～4.5m ↔ 3～3.6m

"金阵雨"（Golden Showers）

现代藤蔓月季，花期不固定且连续，可贯穿整个夏季，直至秋季下霜时。花朵簇状，花型较大，半重瓣，呈亮黄色，气味芬芳。

土壤和环境：喜肥沃、能保持水分且排水良好的中性或弱酸性土壤，种在光照充足、空气流通性好的地方。尤其适合种在背阴的墙壁处。

繁育新植株：从专业苗圃购买植株。

生长：适合修剪为柱状月季或靠墙种植，也可作为灌木种在边界位置。

↕ 2.4～3m ↔ 1.8m

"金尼"（Guinée）

生长旺盛的藤蔓月季，大花型，花朵为重瓣，呈暗红色，气味芳香。花期主要为初夏，可重复开花。花朵通常还带有隐约的阴影感。

土壤和环境：喜肥沃、能保持水分且排水良好的中性或弱酸性土壤，种在光照充足、空气流通性好的地方。

繁育新植株：从专业苗圃购买植株。

生长：最好种在浅色的墙壁旁边。

↕ 3～4.5m ↔ 1.8～2.4m

"凯瑟琳哈洛普"（Kathleen Harrop）

藤蔓波旁（Bourbon）玫瑰，花朵成簇，中等大小，为半重瓣，呈淡粉色，花期贯穿大半个夏季。茎干易呈拱形且无刺。

土壤和环境：喜肥沃、能保持水分且排水良好的中性或弱酸性土壤，种在光照充足、空气流通性好的地方。

繁育新植株：从专业苗圃购买植株。

生长：适合修剪为柱状月季来观赏。

↕3m ↔2.1~2.4m

"勒沃库森"（Leverkusen）

科地西（Kordesii）耐寒藤蔓月季，中夏时开出莲座形花朵，呈柠檬黄色，具有独特的柠檬香气，花谢以后还会再开。

土壤和环境：喜肥沃、能保持水分且排水良好的中性或弱酸性土壤，种在光照充足、空气流通性好的地方。

繁育新植株：从专业苗圃购买植株。

生长：适合用来装饰墙壁，亦可修剪为柱状月季观赏，或者当成灌木种在边界处。

↕3m ↔1.8~2.4m

"卡里埃夫人"（Madame Alfred Carrière）

诺易瑟特型（Noisette）藤蔓月季，花朵为重瓣杯形，成簇，具有浓郁的芳香；花瓣为白色，微染淡红色。花期不固定，且可以重复开花。

土壤和环境：喜肥沃、能保持水分且排水良好的中性或弱酸性土壤，种在光照充足、空气流通性好的地方。

繁育新植株：从专业苗圃购买植株。

生长：适合用来装饰墙壁，背阴墙面亦可。

↕4.5~5.4m ↔3m

"斯塔科林"（Madame Grégoire Staechelin）

大花型藤蔓月季，初夏时会开出半重瓣的珊瑚粉色花朵，直径约为13cm，具有微妙的香豌豆清香。

土壤和环境：喜肥沃、能保持水分且排水良好的中性或弱酸性土壤，种在光照充足、空气流通性好的地方。

繁育新植株：从专业苗圃购买植株。

生长：极其适合倚墙种植。

↕4.5~6m ↔3.6~5.4m

"五月金花"（Maigold）

藤蔓月季，初夏时会开出半重瓣的铜黄色花朵，花蕊为金色，有香味。不过，要小心它茎干上尖锐的刺。及时清理开败的花会有助于开出更多的花朵。

土壤和环境：喜肥沃、能保持水分且排水良好的中性或弱酸性土壤，种在光照充足、空气流通性好的地方。

繁育新植株：从专业苗圃购买植株。

生长：极其适合倚墙种植。

↕2.4~3m ↔2.4~3m

"梅格"（Meg）

大花型藤蔓月季，初夏和中夏时会开出成簇的芳香花朵，花型稍平，呈淡杏红色，花谢以后通常还会再开。

土壤和环境：喜肥沃、能保持水分且排水良好的中性或弱酸性土壤，种在光照充足、空气流通性好的地方。

繁育新植株：从专业苗圃购买植株。

生长：适合装饰墙壁、藤架或立柱。

↕3~3.6m ↔3~3.6m

"美人鱼"（Mermaid）

生长旺盛的大花型藤蔓月季，花型硕大，有香味，花朵为单瓣，呈樱草黄色，花蕊为琥珀色可重复开花。

土壤和环境：喜肥沃、能保持水分且排水良好的中性或弱酸性土壤，种在光照充足、空气流通性好，且向阳的暖墙边。

繁育新植株：从专业苗圃购买植株。

生长：适合种在向阳的暖墙边。

↕ 5.4~6m　↔ 5.4~6m

"新曙光"（New Dawn）

具有丛生特性的藤蔓月季，花朵分散，花型从小到中等都有，重瓣，有香气，呈亮玫瑰红色，整个夏季可持续开花。

土壤和环境：喜肥沃、能保持水分且排水良好的中性或弱酸性土壤，种在光照充足、空气流通性好，且向阳的暖墙边。

繁育新植株：从专业苗圃购买植株。

生长：适宜于倚墙种植或修剪为柱式月季来欣赏。

↕ 3m　↔ 2.4m

"粉红诺易瑟特"（Noisette Carnée）

它属于经典的诺易瑟特月季，拥有成簇的杯状小花，花朵为半重瓣，呈淡粉紫色，花期贯穿整个夏季。

土壤和环境：喜肥沃、能保持水分且排水良好的中性或弱酸性土壤，种在光照充足、空气流通性好，且向阳的暖墙边。

繁育新植株：从专业苗圃购买植株。

生长：既可以作为灌木，也可以当成藤蔓植物来种植。

↕ 2.4~3m　↔ 2.4~3m

"保罗的喜马拉雅麝"（Paul's Himalayan Musk）

生长旺盛的蔓生月季，会开出大量分散的重瓣小花，显得非常漂亮，花朵呈红色、淡紫色和粉色。具有细长的蔓生茎干，因此花朵可以悬垂下来。

土壤和环境：喜肥沃、能保持水分且排水良好的中性或弱酸性土壤，种在光照充足、空气流通性好的地方。需要宽阔的生长空间。

繁育新植株：从专业苗圃购买植株。

生长：适宜于攀爬至树上，或者覆盖在大型藤架上。

↕ 7.5~9m　↔ 6~7.5m

"保罗特兰森"（Paul Transon）

光叶蔷薇型蔓生月季，会开出中等规模或小簇的铜黄色花朵，具有浓烈的苹果香味。可以重复开花，尤其在温暖的季节。

土壤和环境：喜肥沃、能保持水分且排水良好的中性或弱酸性土壤，种在光照充足、空气流通性好的地方。

繁育新植株：从专业苗圃购买植株。

生长：适合装饰立柱和小型藤架。

↕ 3m　↔ 2.4m

"永恒的粉"（Pink Perpétué）

大花型现代藤蔓月季，可开出大簇的粉红色花朵，花朵背面为胭脂红色。花期不固定，且可重复开花。

土壤和环境：喜肥沃、能保持水分且排水良好的中性或弱酸性土壤，种在光照充足、空气流通性好的地方。

繁育新植株：从专业苗圃购买植株。

生长：适合装饰立柱或拱门。

↕ 2.4~3.6m　↔ 2.1~2.4m

蔓生"校长"（Rector）

　　多花的蔓生月季，生长迅速且小枝繁茂，花朵成簇，呈乳白色，花蕊为金黄色，有香味。无法重复开花，但在秋季能结出小蔷薇果。

　　土壤和环境：喜肥沃、能保持水分且排水良好的中性或弱酸性土壤，种在光照充足、空气流通性好的地方。

　　繁育新植株：从专业苗圃购买植株。

　　生长：适合用于装饰藤架以及在边界处形成浓密的灌木丛。

⬆4.5~6m ↔4.5~5.4m

"金梦"（Rêve d'Or）

　　诺易瑟特型（Noisette）藤蔓月季，花朵形态恣意，略带芬芳，半重瓣，呈浅黄色，且带有粉色阴影。可以重复开花。

　　土壤和环境：喜肥沃、能保持水分且排水良好的中性或弱酸性土壤，种在光照充足、空气流通性好的地方。

　　繁育新植株：从专业苗圃购买植株。

　　生长：适宜靠墙种植。

⬆3~3.6m ↔2.4~3m

"桑德白"（Sander's White Rambler）

　　这种光叶蔷薇科的蔓生月季会开出成簇的芬芳小花，花朵为白色重瓣，莲座型，多长在弯曲和蔓生的茎干上。它一般在中夏开花，不会重复开花。

　　土壤和环境：喜肥沃、能保持水分且排水良好的中性或弱酸性土壤，种在光照充足、空气流通性好的地方。

　　繁育新植株：从专业苗圃购买植株。

　　生长：适合用来装饰墙壁、立柱和拱门。

⬆3.6~4.5m ↔3~3.6m

"什罗普郡少女"（Shropshire Lass）

　　藤蔓英国月季，具有浓烈的没药香味，花型硕大扁平，为半重瓣，呈现微妙的粉色，初夏时消退为白色。花蕊聚合，非常显眼。

　　土壤和环境：喜肥沃、能保持水分且排水良好的中性或弱酸性土壤，种在光照充足、空气流通性好的地方。

　　繁育新植株：从专业苗圃购买植株。

　　生长：适宜于倚墙种植，也可以作为灌木种植在庭院边界处。

⬆3~3.6m ↔1.8~2.4m

"圣斯威辛"（St Swithun）

　　藤蔓英国月季，花型硕大呈杯状，花朵为软粉色，边缘渐浅呈白色，具有强烈的没药芳香。

　　土壤和环境：喜肥沃、能保持水分且排水良好的中性或弱酸性土壤，种在光照充足、空气流通性好的地方。

　　繁育新植株：从专业苗圃购买植株。

　　生长：适宜于倚墙种植，也可以作为灌木种植在庭院边界处。

⬆1.8~2.4m ↔1.5~2.1m

"花环"（The Garland）

　　美丽的传统蔓生月季，中夏时会开出束状的乳白中透着红色的花朵，花朵为半重瓣，散发怡人的柑橘芳香。植株多细枝，秋季还会结出红色的蔷薇果。

　　土壤和环境：喜肥沃、能保持水分且排水良好的中性或弱酸性土壤，种在光照充足、空气流通性好的地方。

　　繁育新植株：从专业苗圃购买植株。

　　生长：适宜于倚墙种植，也可以作为灌木种植在庭院边界处。

⬆3.6~4.5m ↔3m

"蓝蔓"（Veilchenblau）

　　多花型的蔓生月季，中夏时会开出密集的束状小花，花朵为半重瓣，呈暗洋红色，具有浓烈的柑橘芳香。花朵的颜色会逐渐褪变成淡紫色，有时候会带有白色条纹。

　　土壤和环境：喜肥沃、能保持水分且排水良好的中性或弱酸性土壤，种在光照充足、空气流通性好的地方。

　　繁育新植株：从专业苗圃购买植株。

　　生长：很适合修剪为柱状月季观赏，也可以用来装饰拱门或藤架。

↕4.5m　↔3.6m

"婚礼日"（Wedding Day）

　　生长旺盛的蔓生月季，气味芳香，花朵簇生，小花型，为单瓣，花瓣呈乳白色透红，花蕊为黄色。中夏时开花，秋季会结出黄色的小蔷薇果。

　　土壤和环境：喜肥沃、能保持水分且排水良好的中性或弱酸性土壤，种在光照充足、空气流通性好的地方。

　　繁育新植株：从专业苗圃购买植株。

　　生长：适合攀爬在高大的树木上。

↕6～7.5m　↔3.6m

"和风"（Zéphirine Drouhin）

　　波旁型藤蔓月季，初夏时会开出大量深玫瑰粉色的花朵，散发沁人心脾的甜蜜芳香，花谢后还会再度开花。

　　土壤和环境：喜肥沃、能保持水分且排水良好的中性或弱酸性土壤，种在光照充足、空气流通性好的地方。

　　繁育新植株：从专业苗圃购买植株。

　　生长：适合在隐蔽背阴的墙边作为藤蔓植物种植，也可以作为灌木种在庭院边界处。

↕1.8～2.7m　↔1.5～2.4m

其他藤蔓月季和蔓生月季

　　除了上面图示所列举的那些外，还有很多其他品种的藤蔓月季和蔓生月季，包括：

- "奥古斯特·热维斯"（Auguste Gervais）（光叶蔷薇科蔓生月季）：6m 高；花朵为铜黄色和浅橙色，花瓣短而密集，开放后呈扁平状，具有怡人的芳香。

- "席琳·弗莱斯蒂"（Céline Forestier）（诺易瑟特型藤蔓月季）：2.4m 高；花朵为浅黄色，美丽且饱满，散发着香水月季的芳香，具有传统月季的花形。

- "怜悯"（Compassion）（现代藤蔓月季）：3m 高；花朵为橙红色，微染杏黄色，散发着甜香。拥有杂交香水月季的花形。

- "梦幻女孩"（Dream Girl）（藤蔓月季）：3m 高；这种月季会开出珊瑚粉色的花朵，香味浓郁。花朵呈美丽的莲座状。

- "菲利斯黛·佩彼特"（Félicité et Perpétue）（长绿蔷薇科蔓生月季）：6m 高；会开出大簇绒球状的乳白色花朵，散发出非常柔和的樱草香气。

- "弗朗西斯·莱斯特"（Francis E.Lester）（以杂交麝香月季为亲本的蔓生月季）：4.5m 高；这种月季会开出大簇的白花，花朵边缘微染红色，具有浓烈的芳香。另外，到秋季它还会结出大量的黄色蔷薇果。

- "格拉汉·托马斯"（Graham Thomas）（新式英国月季）：1.8～2.4m 高；尽管通常被当成丛生月季来种植，但实际上它也非常适合作为藤蔓月季。它具有深黄色的花朵，散发着浓烈的香水月季芳香。

- "英雄"（Hero）（新式英国藤蔓月季）：2.1～2.7m 高；这种月季会开出美丽的亮粉色花朵，具有浓郁的香味，花朵呈宽口的杯状。尽管可以被当做丛生月季，但实际上，它更适合作为藤蔓月季进行种植。

- "劳伦斯·约翰斯顿"（Lawrence Johnston）（藤蔓月季）：6～7.5m 高；花型硕大，花朵为半重瓣，呈纯黄色，具有浓烈的香气。

- "利安德尔"（Leander）（新式英国藤蔓月季）：3～3.6m 高；它会开出成束的深杏色小花，花朵会散发出宜人的覆盆子芳香。它也可以当成丛生月季来种植。

- "奎克莉夫人"（Mistress Quickly）（新式英国藤蔓月季）：2.4～3m 高；这种藤蔓月季会开出束状粉色小花，非常漂亮。它也可以当成丛生月季来种植。

- "雪雁"（Snow Goose）（新式英国藤蔓月季）：1.8～2.4m 高；花朵较小，呈白色绒球状，散发类似麝香的芬芳。

- "维特伍德"（Weetwood）（蔓生月季）：6～7.5m 高；会开出束状粉色花朵，花朵为传统的外观形态，直径约为6cm。

装饰墙壁

哪些藤蔓植物最适合用来装饰墙壁?

可供用于装饰墙壁的植物在选择范围上十分广泛,既包括开花以及带有常绿或杂色叶片的藤蔓植物,也包括在秋季展示斑斓色彩的落叶藤蔓植物。除此之外,还有鲜艳且多花的月季(详见对开页)。有些月季需要倚靠向阳的墙壁,还有些月季可以在背阴和无遮蔽的位置创造出华丽的景观。有不少月季甚至可以在贫瘠的土壤中茁壮成长。

墙壁上的灵感

秋色类藤蔓植物为秋天营造出了色彩的盛筵。

常春藤可以很快地覆盖整面墙壁,挡住有碍观瞻的东西。

西番莲可以开出鲜艳且造型奇特的花朵。

很多月季会开出鲜艳的花朵,非常适合用来装饰墙壁。

紫藤生长旺盛,能够很快覆盖墙壁,但需要定期修剪。

藤蔓植物还可用于打造引人注目的"屏风",从而划分庭院的区域。

可装饰墙壁的藤蔓植物

开花藤蔓植物

- 铁线莲属－大花杂交种——详见 28 ~ 30 页。
- 素方花——详见 31 页。
- 智利钟花——详见 31 页。
- 络石——详见 33 页。
- 多花紫藤——详见 33 页。

赏叶藤蔓植物

- 狗枣猕猴桃——详见 36 页。
- "马伦戈的光荣"加拿利常春藤——详见 36 页。
- "硫磺心"大叶常春藤——详见 37 页。
- "金心"洋常春藤——详见 37 页。
- "黄叶"啤酒花——详见 37 页。

秋季变色藤蔓植物

- 南蛇藤——详见 38 页。
- 五叶地锦——详见 38 页。
- 地锦——详见 39 页。
- 紫葛葡萄——详见 39 页。

可考虑的墙面灌木

有些墙面灌木很耐寒，有些则比较柔弱。

极其耐寒的墙面灌木：

- 平枝栒子——详见 41 页。
- 薄叶火棘——详见 41 页。

较柔弱的墙面灌木：

- 红萼苘麻——详见 26 页。
- 小叶金柞——详见 27 页。
- 木银莲——详见 27 页。

藤蔓植物的支撑

对于需要支撑的藤蔓植物而言，牢固的棚架和稳固的墙壁固定点（锚点）非常重要。应了解需要支撑的藤蔓植物有哪些以及如何竖棚架（P14 ~ 15）。

对墙壁的破坏

带有吸根和气生根的藤蔓植物会扎进墙壁的砌砖中，从而导致墙面受损，那些原本砖块松动以及年久失修的石墙更是如此。因此，栽种前必须确保所有的墙壁表面都完好无损。

这些藤蔓植物（尤其是常春藤）会大量积灰尘，因此在修剪的时候请务必戴上口罩和护目镜。

适合向阳暖墙的月季

- "爱梅维贝尔"——详见 42 页。
- 藤蔓"奥朗德之星"——详见 44 页。
- 藤蔓"希灵顿夫人"——详见 44 页。
- "美人鱼"藤蔓月季——详见 47 页。
- "花环"藤蔓月季——详见 48 页。

适合背阴冷墙的月季

- "阿尔贝里克"蔓生月季——详见 42 页。
- "第戎的荣耀"藤蔓月季——详见 45 页。
- "金阵雨"藤蔓月季——详见 45 页。
- "斯塔科林"藤蔓月季——详见 46 页。
- "新曙光"藤蔓月季——详见 47 页。
- "和风"藤蔓月季——详见 49 页。

适合贫瘠土壤的月季

- 藤蔓"塞西尔布伦纳"——详见 43 页。
- "风采连连看"——详见 44 页。
- "勒沃库森"藤蔓月季——详见 46 页。
- "卡里埃夫人"藤蔓月季——详见 46 页。
- "粉红诺易瑟特"藤蔓月季——详见 47 页。

装扮藤架

什么是藤架?

藤架的类型有多种。有些是用简单的木杆搭建而成，显得比较随意；还有一些就比较正式，它们会用上刨光的木料。传统式的藤架通常会使用横梁，横梁是由两端纵切的方形木料构成的。东方式藤架所使用的横梁宽约 5cm，高约 15cm，其末端下侧采取了斜切方式处理。除此之外，还有单坡式藤架，它们的形态看上去都颇为规范。

多叶的藤蔓植物可以将庭院的一角打造成隐秘的空间。想达到这种效果，叶片巨大的落叶藤蔓植物通常是最佳的选择。

适合藤架的月季

- "阿尔贝里克"（蔓生月季）——详见 42 页。
- "艾伯丁"（蔓生月季）——详见 43 页。
- "多头桃红"（蔓生月季）——详见 44 页。
- "弗朗索瓦"（蔓生月季）——详见 45 页。
- "蓝蔓"（蔓生月季）——详见 49 页。

适合三脚架和立柱的月季

- "阿罗哈"（现代藤蔓月季）——详见 43 页。
- "金阵雨"（现代藤蔓月季）——详见 45 页。
- "勒沃库森"（藤蔓月季）——详见 46 页。
- "五月金花"（藤蔓月季）——详见 46 页。
- "永恒的粉"（现代藤蔓月季）——详见 47 页。

立柱和三脚架

立柱通常是用松柏的坚硬树干加工而成，而三脚架则是用刨光的木料来制作的，它们的高度一般在 2.1 ~ 2.4m 之间。

适合藤架的藤蔓植物

- 素方花——详见 31 页。
- "比利时"香忍冬——详见 32 页。
- "瑟诺"香忍冬——详见 32 页。
- 紫葛葡萄——详见 39 页。
- "紫叶"葡萄——详见 39 页。
- 多花紫藤——详见 33 页。
- 紫藤——详见 33 页。

如何打造一个小型单坡式藤架

靠墙构建一个小型单坡式藤架，可以为庭院营造一处被绿荫覆盖的休闲区域。将立柱插入 60cm 深的洞中，在底部浇筑上混凝土；将横梁固定在墙面的锚点上。传统的规范设计会推荐利用水平尺，这样可以检查立柱是否垂直，主梁是否水平。

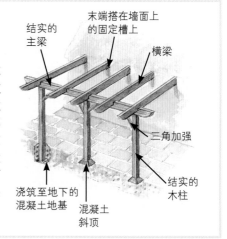

结实的主梁

末端搭在墙面上的固定槽上

横梁

三角加强

结实的木柱

浇筑至地下的混凝土地基

混凝土斜顶

装点拱门和通道

横跨道路的拱门总显得蔚为壮观，特别是爬满了美丽的开花或多叶藤蔓植物以后。月季也可以用来装扮拱门，不过要记住，如果固定得不够牢固，它们的茎干会不受控地生长直至道路上，或者被风吹散，这样有可能会扎到一些观赏者。为避免这种情况，开花的藤蔓植物通常就是更好的选择了，尤其是那些花朵造型特别且带有独特芳香的藤蔓植物。将一连串的拱门通过藤蔓植物连起来也可以形成通道。

拱门很难用绿植来装扮吗?

适合妆点拱门的芳香月季

在开花藤蔓植物的装扮下，拱门会显得十分美丽，充满了浪漫气息。

适合在拱门上生长的月季品种有很多，有些还具有特别浓郁的芳香。但要记住挑选生长特性和拱门的大小相匹配的品种。

- "阿尔贝里克"（蔓生月季）：花朵乳白色，具有水果香气——详见 42 页。
- "艾伯丁"（蔓生月季）：花朵橙红色，散发出浓烈的芬芳——详见 43 页。
- "弗朗索瓦"（蔓生月季）：花朵珊瑚粉色，具有苹果香味——详见 45 页。
- "蓝蔓"（蔓生月季）：花朵为暗洋红色，会逐渐变成浅紫色，有时候会带有白色条纹，具有强烈的柑橘芳香——详见 49 页。

适合妆点小型拱门的一年生藤蔓植物

- 电灯花：淡紫色花朵——详见 34 页。
- 圆叶牵牛：大型的紫色花朵——详见 34 页。
- 香豌豆：色彩丰富——详见 35 页。
- 翼叶山牵牛：白色、橙色或黄色花朵，花瓣上有典型的巧克力棕色圆点——详见 35 页。
- 旱金莲：色彩丰富——详见 35 页。
- 金丝雀旱金莲：淡黄色花朵——详见 35 页。

金链花通道

这种通道看起来十分壮观，它既高又宽，这样在晚春和初夏时节，那些长达 25 ～ 30cm 的黄花花簇才能自然地悬挂在上面。利用一连串的金属拱门和连接线就可以搭好基础的框架（见右上侧图）。

将距离通道尽头 1.2m 处设为起点，沿通道两侧每隔 2.4m 种下一株"沃斯"金链花。起初让植株的茎干垂直向上生长，同时将侧枝顺着支撑框架延伸分散开。

金链花很耐修剪。在冬季，可剪掉向通道内或框架外生长的枝条，修至只剩三个芽眼。当枝条填满预留的空间以后，就可以剪去侧枝，将垂直的主枝绑起来，引导其沿框架生长。

打造一条完整的、盛开着金链花的通道通常需要花费数年时间。

一条成型的金链花通道堪称一道令人惊叹的风景线

简易的拱门是田园风的理想搭配

铸铁拱门看起来颇为休闲

与栅栏门组合定会给参观者留下深刻印象

如何打造一个顶部为藤架的经典拱门

通过对横梁两端下方进行斜切或装饰性雕刻，就可以为拱门的顶部增添一些东方风格色彩。横梁的末端应当超出拱门两侧 23 ～ 30cm。

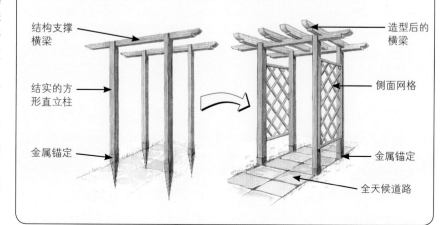

结构支撑横梁

结实的方形直立柱

金属锚定

造型后的横梁

侧面网格

金属锚定

全天候道路

凉亭

选择用开花、多叶藤蔓植物以及月季来装扮凉亭都非常不错,它们可以营造一个私密隐蔽的区域。要想打造一个荫蔽的休息区,可以让凉亭四周爬满藤蔓植物,乔木和灌木也可以栽种在凉亭的侧面,譬如让凉亭修建在已经成型的树篱旁。种一些散发香气的藤蔓植物则会让凉亭更惹人喜爱。

沉浸在花香中的凉亭等于是在庭院的荫蔽角落里创造了一处可供休憩的宁静绿洲。

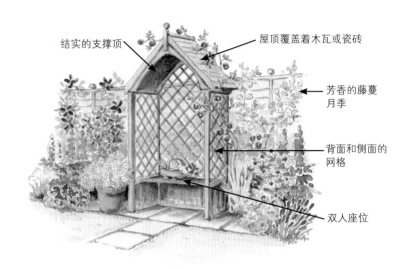

结实的支撑顶

屋顶覆盖着木瓦或瓷砖

芳香的藤蔓月季

背面和侧面的网格

双人座位

凉亭放在庭院的角落,可以构成令人着迷的视觉焦点。

适合妆点凉亭的开花藤蔓植物

花朵芬芳的藤蔓植物为凉亭带来了浪漫气息,使人们沉浸在类似香草或山楂的甜美芬芳中。以下是可以选择的部分开花藤蔓植物:

- 火焰铁线莲——详见 28 页。
- 绣球藤——详见 29 页。
- 素方花——详见 31 页。
- "比利时"香忍冬——详见 32 页。
- "瑟诺"香忍冬——详见 32 页。
- 多花紫藤——详见 33 页。
- 紫藤——详见 33 页。

适合妆点凉亭的多叶藤蔓植物

有些多叶的藤蔓植物拥有巨大的叶片,可以成为凉亭的华盖。它们有助于凉亭保持凉爽,避免正午的阳光直射。以下是可供选择的一些落叶藤蔓植物,它们的叶片在秋季还会带上鲜艳的色彩。

- 山葡萄——详见 39 页。
- 紫葛葡萄——详见 39 页。
- "紫叶"葡萄——详见 39 页。

适合妆点凉亭的月季

藤蔓月季和蔓生月季都可用于妆点凉亭,但因蔓生月季拥有柔韧且易弯折的枝条,所以更适合为凉亭增色添香。以下是可供选择的一些蔓生月季:

- "阿尔贝里克":花朵乳白色,具有水果香气——详见 42 页。
- "艾伯丁":花朵橙红色,散发出浓烈的芬芳——详见 43 页。
- "多头桃红":花朵鲜红色——详见 44 页。
- "弗朗索瓦":花朵珊瑚粉色,带有苹果香味——详见 45 页。
- "蓝蔓":花朵为暗洋红色,会变成浅紫色,有时候会带有白色条纹,带有强烈的柑橘芳香——详见 49 页。

很多适合用来装饰凉亭的多彩月季都具有浓郁的香味。

独立屏风

独立屏风也可称棚架，很适合用于划分庭院的不同区域或者阻断邻居庭院的景观。庭院正前方的边界处通常会竖起 90cm 高的围栏，在这里设置独立屏风可以防止外人的视线窥探。不过，不要让独立屏风和边界的距离小于 75cm，因为蔓生的枝条可能会侵入邻居的庭院。开花和多叶的藤蔓植物以及月季，都可以用来装扮屏风。

为什么要设置独立屏风？

适合装饰独立屏风的开花藤蔓植物

可以在独立屏风攀爬的藤蔓植物有很多种，其中有不少品种还会散发出诱人的香味。以下是可供选择的一些品种：

- 金毛铁线莲——详见 28 页。
- 火焰铁线莲——详见 28 页。
- 绣球藤——详见 29 页。
- 素方花——详见 31 页。
- 忍冬——详见 31 页。
- "比利时"香忍冬——详见 32 页。
- "瑟诺"香忍冬——详见 32 页。

避免选择生长过度旺盛的藤蔓植物

若要增添情趣，不妨在棚架中间留出观望孔

确保棚架已经牢固地固定在结实的立柱上

月季和开花藤蔓植物让棚架屏风淹没在了缤纷的色彩之中，同时又散发出了异乎寻常的怡人芬芳。

适用于独立屏风的多叶藤蔓植物

适合装饰独立屏风的叶片藤蔓植物同样种类繁多，其中包括草本类、落叶型和常绿型。庭院中暴露无遮蔽的区域，我们可以选择落叶或草本型的藤蔓植物，因为它们不会形成屏障，无需直面冬季的强风。以下是可供选择的一些植物：

- "金边"大叶常春藤：常绿型——详见 37 页。
- "硫磺心"大叶常春藤：常绿型——详见 37 页。
- "黄叶"啤酒花：草本型——详见 37 页。
- 山葡萄：落叶型——详见 39 页。
- 紫葛葡萄：落叶型——详见 39 页。
- "紫叶"葡萄：落叶型——详见 39 页。

适合装饰独立屏风的月季

大多数独立屏风都是由垂直立柱加棚架格板构成的，棚架固定在立柱之间，其长度为 1.8m，高度为 1.2 ~ 1.5m。待植物成形以后，屏风的最终高度大约为 1.8m，其底部和地面之间留有空隙。不要选择生长旺盛的藤蔓月季，有些藤蔓型的新式英国月季就非常适合，主要包括以下几种：

- "风采连连看"：花朵较大，呈亮粉色，具有没药香气——详见 44 页。
- "格拉汉托马斯"：花朵为杯状，呈深黄色，散发着茶香月季的特有芳香。
- "什罗普郡少女"：花朵较大，半重瓣，呈肉红色，有香味——详见 48 页。
- "雪雁"：花朵集中成束，小花型，呈白色绒球状，看起来像大型雏菊。

美化树木和树桩

树桩可以美化吗?

有很多开花和多叶的藤蔓植物以及月季,可用来遮掩不太雅观的树桩。这些树桩通常是树木被砍倒以后残留的部分,露出一截在地面上。通过植物的掩盖,它们也可以转化为富有吸引力的独特景观,成为众人瞩目的焦点。事实上,即便是一大排不雅的树桩,也可以被改造为与众不同的视觉景观。

东方铁线莲拥有蕨类一般的叶片,从晚夏至中秋时节还会开出星形的黄色悬垂花朵,散发着芬芳。

适合掩盖树桩的多叶藤蔓植物

有不少多叶藤蔓植物都可以用于遮掩低矮的树桩,但一开始我们需要安装一个牢固的三脚架,好让植物覆盖树桩,三脚架的高度约为1.5m。

- "金边"大叶常春藤:常绿型——详见37页。
- 刺葡萄:落叶型,秋季叶片会变色。
- 河岸葡萄:落叶型,拥有彩色叶片和甜美芬芳的花朵。

适用于美化低矮树桩的铁线莲

很多铁线莲都非常适合用来美化低矮的树桩,不过起初我们要在树桩上固定一片铁丝网,好让铁线莲能够攀附在上面。

- 火焰铁线莲——详见28页。
- 东方铁线莲——详见29页。
- 长花铁线莲——详见30页。
- 甘青铁线莲——详见30页。

适用于掩盖树桩的月季

如果树木被砍倒以后留下了约60cm高的树桩,我们就可以通过种植月季来遮掩它以及周围的地面。以下是可供选择的一些品种:

- "玛格拉夫"玫瑰 × 光叶蔷薇月季:花朵为粉色,具有苹果的香味。
- "玫瑰坐垫":花朵为粉色,小花型,单瓣。
- "拉布瑞特":花朵为粉色,植株具有蔓生特性,会长成低矮的堆积状。

可以长到树上的月季

有不少月季适合与树木共生,只要确保其生长特性与寄主相匹配即可。

- "鲍比詹姆斯":多花杂交品种,具有蔓生特性,花朵为乳白色,有香味——详见43页。
- 藤蔓"塞西尔布伦纳":藤蔓月季,花朵为贝壳粉色——详见43页。
- "弗朗索瓦":光叶蔷薇科蔓生月季,花朵珊瑚粉色,带有苹果香味——详见45页。
- "勒沃库森":科地西型藤蔓月季,花朵为柠檬黄色——详见46页。
- "斯塔科林":藤蔓月季,花朵为珊瑚粉色——详见46页。
- "梅格":藤蔓月季,花朵为杏黄粉色——详见46页。
- "保罗的喜马拉雅麝":蔓生月季,花朵为红色至淡紫粉色——详见47页。
- "蓝蔓":多花型蔓生月季,花朵为暗洋红色——详见49页。
- "婚礼日":蔓生月季,花朵为乳白色或红色——详见49页。

铁线莲

旱金莲

覆盖树桩的月季

美化乡村风庭院

乡村风庭院的部分魅力源自于它的轻松随性，以及令人无法抗拒的平静氛围。红花菜豆和香豌豆搭成的拱顶小屋，加上成排修剪过的果树，与芬芳的忍冬和不拘一格的多叶藤蔓植物构成了和谐的统一，草本植物和园林花卉则覆盖了它们周围的土地。藤蔓植物可以提供引人注目的背景，在大型乡村风庭院中创造视觉高度。

不经意的展示是至关重要的手段吗?

适合美化乡村风庭院的开花藤蔓植物

这些植物具有洒脱随意的外形，其中的不少品种还会开出芳香浓郁且独特的花朵。以下是可供选择的一些品种：

- 小木通：常绿型，会开出大量芳香浓郁的白色花朵——详见 28 页。
- 金毛铁线莲：落叶型，会开出碟形的白色花朵——详见 28 页。
- 火焰铁线莲：落叶型，会开出具有山楂香味的白色花朵——详见 28 页。
- 中亚木藤蓼：落叶型，生长异常旺盛，会开出大量浅粉色或白色花朵——详见 30 页。
- 冠盖绣球亚种：落叶型，生长旺盛，会开出乳白色花朵——详见 31 页。
- 素方花：落叶型，会开出芳香的白色花朵——详见 31 页。
- 忍冬：常绿型，会开出白色至淡黄色的花朵，香气甜美——详见 31 页。
- "比利时"香忍冬：落叶型，会开出紫红色和黄色花朵，香气甜美——详见 32 页。
- "瑟诺"香忍冬：落叶型，花朵外表为紫红色，内部为乳白色，香气甜美——详见 32 页。
- 盘叶忍冬：落叶型，会开出金黄色花朵——详见 32 页。

适合美化乡村风庭院的多叶藤蔓植物

这类植物的选择面非常广，其中既有常绿品种也有落叶品种。我们可以重点考虑以下三种：

- "黄叶"啤酒花：草本植物，叶片为黄色，适合用来装饰三脚架或拱门——详见 37 页。
- 紫葛葡萄：落叶型，秋季叶片色泽变鲜艳——详见 39 页。
- "紫叶"葡萄：落叶型，叶片色泽鲜艳，尤其是在秋季——详见 39 页。

适合美化乡村风庭院的月季

很多月季都具有不拘一格的生长特性，其中一些特别适合用来装饰乡村风庭院。以下是可供选择的一些品种：

- "爱梅维贝尔"——详见 42 页。
- "鲍比詹姆斯"——详见 43 页。
- "弗朗索瓦"——详见 45 页。
- "热尔布玫瑰"——详见 45 页。
- "斯塔科林"——详见 46 页。
- "粉红诺易瑟特"——详见 47 页。
- "蓝蔓"——详见 49 页。
- "和风"——详见 49 页。

适合美化乡村风庭院的一年生藤蔓植物

这些植物适合用来美化小型棚架或拱顶小屋，为夏天增添一抹亮丽的色彩。可供选择的品种非常多，譬如香豌豆、圆叶牵牛、旱金莲和金丝雀旱金莲，详见 34 ~ 35 页。

蔬菜和果树

三脚架上的红花菜豆不仅为乡村风庭院增添了色彩、提高了景观空间，而且还可以食用。苹果树和梨树可经过修剪作为树墙来种植，用来遮挡墙壁或独立成排的支撑网线，详见 70 ~ 71 页。

盆栽

有很多藤蔓植物适合盆栽吗?

令人感到惊讶的是,实际上很多藤蔓植物都可以种在花盆里,譬如草本的"黄叶"啤酒花、各种铁线莲,以及花色艳丽且每年可以更换的一年生藤蔓植物,例如非常受欢迎又与众不同的香豌豆。包括紫藤在内其他开花类的盆栽藤蔓植物,通常都需要仔细地浇灌和修剪,这样才能保持其吸引力。

盆栽藤蔓植物的养护

盆栽藤蔓植物需要付出更多精力去呵护,以确保在夏季强烈的阳光直射下,盆栽土既能保持湿润,也不会过热。相应的,冬天要避免盆栽土过度潮湿和低温,这些不利因素会导致土壤冻结,破坏植物根部。

在夏季,我们可以把盆栽植物成组摆放,这样有利于相互遮阴。但对于大型藤蔓植物,这种办法并不实用。不过我们可以将它放在庭院边界处的小块铺路板上,使它被植被环绕,从而有利于盆栽土的降温。

如果有可能的话,尽量将花盆放在适度荫蔽的地方。

在冬季时,我们可以盖住盆栽土,避免其水分饱和;不过到晚冬时要记得移去遮盖物。在一个聚乙烯袋子里面填上一些稻草,然后用袋子包裹住花盆,可减少霜冻的风险。

一年生藤蔓植物如牵牛花(见 59 页顶端)可以为夏季增添丰富的色彩。这些植物非常适合种在小型庭院里,因为它们可以每年更换。

盆栽铁线莲

并不是所有的铁线莲都适合种在花盆中,不过其中有些品种还是值得一试。栽种所用的盆栽土要排水良好,使用肥沃的土壤打底,花盆的底部要铺上较多石子等利于排水的材料。

- 小木通:耐寒的常绿型铁线莲,会开出乳白色花朵(详见 28 页)。可以种在大花盆中,搭好三角支撑,让植物可以沿支撑自由生长。蔓生的茎干有利于土壤保持凉爽。

- "幻紫"铁线莲:通常为落叶(有时为半常绿)型灌木藤蔓植物,会开出中心为紫色的白色大花(详见 28 页)。选择向阳背风处摆放花盆,最好还有适当的遮阴,用 5 ~ 7 根 1.2m 长的藤条向外倾斜形成支撑,这样植株中心生长的茎干就不会过于拥挤。可以使用直径 25 ~ 30cm 的宽口大陶土花盆。

- 长瓣铁线莲:生长比较旺盛的丛生落叶藤蔓植物,会开出淡紫色和深紫色花朵(详见 29 页)。它可以种在较高的木制或陶土盆中,显得非常美丽。栽种时,先铺上石子等大颗粒的排水性良好的材料,至花盆的三分之一处,然后再覆盖排水性良好的盆栽土。最后种上三到五株植物,让茎干围绕着花盆侧面铺展开生长。在花盆底下垫上三块砖,这样可以确保多余的水分能从盆底排出。

- 大花杂交型:这类植物比较难在花盆里种植,因为盆栽土通常会过热。不过,如果我们可以为它提供荫蔽的条件,在盆栽环境下,它们也会开出美丽的花朵,尤其是落叶的"冰美人",它会开出纯白的大型花朵(详见 27 页)。

← "幻紫"铁线莲种在有花纹的大花盆中会显得非常美丽,白色和紫色的花朵极其引人注目。

一年生植物盆栽

　　在冬末或初春开始回暖时冒头的一年生植物，只要等霜冻风险一过去，就可以准备将此类植物移植到花盆中。以下两种一年生植物可供选择：

- "天蓝"三色牵牛：这种一年生藤蔓植物拥有美丽的天蓝色花朵。我们需要为其提供高约 1.5m 的棚架。
- 翼叶山牵牛：这种植物会开出白色、橙色或黄色的花朵，花瓣上有巧克力色圆点（详见 35 页）。需要提供藤条搭成的拱形支架。

盆栽香豌豆

　　香豌豆以其浓郁的香味和多变的花色而闻名，它的花朵具有红色、蓝色、粉色和紫色等各种颜色。这种耐寒的一年生植物也可以作为半耐寒的植物种在花盆里，且长势旺盛。我们可选择在晚冬或初春天气转暖时播种，当植株长到差不多大时，就进行分株。等霜冻风险彻底过去以后，就可以移栽到花盆里——三棵植株种在一个直径为 25cm 的花盆中。

香豌豆

茎干上缀满了颜色鲜艳的花朵

提供藤条或细木棍搭成的支撑框架

在花盆中散发着芬芳的香豌豆，让露台和庭院都充满了乡村风庭院的氛围。

选用一个底部有排水孔的大花盆

盆栽黄叶啤酒花

　　"黄叶"啤酒花是一种耐寒的草本藤蔓植物，在花盆中定植以后，可以存活三年以上，直到爆根。这种植物的叶片和茎干在秋季会枯萎，来年春季又会长出新苗。我们可以在春天时将三株嫩苗移栽到排水良好的花盆里，用肥沃的盆栽土壤土打底；五根藤条构成的三脚架可用来为植株提供支撑。

"黄叶"啤酒花

藤条搭成的三脚架用来支撑植株

春季叶片会呈现出鲜艳的黄绿色

种在大花盆或木桶中的黄叶啤酒花，很适合摆在台阶两侧。

使用一个大花盆或木桶

盆栽紫藤

　　紫藤可以种在很大的陶瓦花盆中，如直径至少为 50 ~ 60cm，深约 30cm 的花盆。只有足够大的花盆才能让植株扎下牢固的根基。我们既可以直接购买现成的植株栽种，也可以购买幼苗，将其修剪至约 23cm 高。等到侧枝形成以后，选择两根侧枝，用藤条捆绑定型，使其相互呈 45° 角。冬季和夏季的修剪非常关键。

种在大花盆中的紫藤，摆放在露台或庭院中，马上就能吸引目光。

其他适合盆栽的藤蔓植物

- "弗朗西斯·里维斯"铁线莲：可开出蓝紫色花朵（详见 28 页）。需要用约 1.5m 高的藤条搭成三脚架。
- 素方花：可开出纯白花朵（详见 31 页）。它需要种在温暖避风的位置，并提供 1.5 ~ 1.8m 高的支撑。
- 智利钟花：会开出玫红色花朵（详见 31 页）。它需要种在温暖避风的位置，这一点非常重要，另外提供 1.5 ~ 1.8m 高的支撑。

芳香类藤蔓植物和墙面灌木

藤蔓植物和墙面灌木所散发出来的香味非常丰富,其中既有较为日常的香型,也有诸如西洋樱草、茉莉和香草的独特芳香。还有一些植物会开出带有甜香的花朵,它们的香气在夜晚会更加浓郁,以便吸引飞蛾。忍冬和铁线莲尤为适合装扮凉亭或简单的藤架,可以打造出轻松闲适的氛围。

种类繁多的独特香型

西洋樱草型

- 长花铁线莲(详见 30 页)带有若隐若现的香甜西洋樱草的芳香。

果香型

- 荷花玉兰具有类似水果的甜香,还能闻到轻微辛香中夹杂着的奇特香气,会让人联想起茉莉、铃兰乃至紫罗兰或者杏花的芬芳。这种常绿的乔木或大型灌木会在中夏和晚夏开出乳白色的花朵。

阿特拉斯金雀

山楂香型

- 火焰铁线莲(详见 28 页)具有类似山楂的甜香。

茉莉香型

- 素方花(详见 31 页)具有茉莉的甜香。
- 多花素馨具有类似茉莉的浓香。这种柔弱的半常绿型藤蔓植物适合种在温带的温室或暖房中。若种植在室外时,晚春和初夏会开出白色的花朵,呈管状星形;如果种在温室或暖房中,其花期会从初冬持续到春季。除了室外种植以外,这种茉莉浓香型的植物也可以在晚冬买来放在室内,等到花期结束以后,再将其移栽到温室中。

菠萝香型

- 阿特拉斯金雀(详见 30 页)具有独特的菠萝芳香。

辛香型

- 蜡梅(详见 28 页)具有浓烈的辛香,略带一些长寿花和紫罗兰的香气。

香豌豆香型

- 香豌豆(详见 35 页)具有香豌豆的香味。

香草香型

- 木通(详见 26 页)具有香草的甜香,还有若隐若无的辛香。
- 小叶金柞(详见 27 页)具有强烈的香草香味。
- 多花紫藤(详见 33 页)具有香甜的香草芬芳。
- 紫藤(详见 33 页)具有香甜的香草芬芳。

紫藤

散发甜香的藤蔓植物

下面介绍的大多数藤蔓植物都在 26 ~ 33 页的"藤蔓植物和墙面灌木一览"章节中出现过，没有出现过的会在下文做详细描述。另外有些品种我们将会在 64 ~ 67 页进行重点介绍，并且还会给出它们与其他植物的搭配建议。

- 小木通（详见 28 页）具有甜香。
- 绣球藤（详见 29 页）具有甜香。
- 东方铁线莲（详见 29 页）具有轻微的甜香。
- 美洲杂种忍冬散发着浓郁的甜香。它属于生长旺盛的落叶藤蔓植物，初夏和中夏时节开出的白色花朵会很快变成灰白色，然后又会变成深黄色。
- 羊叶忍冬散发着浓郁的甜香，尤其是在夜晚。它属于生长旺盛的落叶藤蔓植物，初夏和中夏时节会开出乳白色的花朵，带有些许粉色。
- 忍冬（详见 31 页）具有甜香。
- "比利时"香忍冬（详见 32 页）具有甜香。
- "瑟诺"香忍冬（详见 32 页）具有甜香。
- 西番莲（详见 32 页）具有轻微的甜香。

芳香类藤蔓植物和墙面灌木的运用

倚墙：
- 翅果连翘——详见 26 页。
- 素方花——详见 31 页。
- 多花紫藤——详见 33 页。
- 紫藤——详见 33 页

装扮藤架：
- 素方花——详见 31 页。
- "比利时"香忍冬——详见 32 页。
- "瑟诺"香忍冬——详见 32 页。
- 多花紫藤——详见 33 页。
- 紫藤——详见 33 页

装扮独立棚架：
- 火焰铁线莲——详见 28 页。
- 绣球藤——详见 29 页。
- 忍冬——详见 31 页。
- "比利时"香忍冬——详见 32 页。
- "瑟诺"香忍冬——详见 32 页。

适合低矮拱门的一年生芳香植物：
- 香豌豆——详见 35 页。
- 旱金莲（略带香味）——详见 35 页。

不影响通行的植物

选择适宜的藤蔓植物：确保所选择的藤蔓植物没有带刺的茎干，它们也不会阻塞拱门下的通道或者在强风中随意挥舞。

位置安排：不要让道路靠棚架或拱门侧面太近。可以利用碎石来标记出道路的大致宽度；沿中间铺设地砖，两边再铺上 30cm 宽的碎石带，这样铺出来的道路具有很好的引导作用。

拱门和藤架：检查它们的高度和宽度，确保大多数人可以轻松安全地出入。

芳香的凉亭

很多香气浓郁的开花藤蔓植物都可以用来装扮凉亭。有些植物，譬如忍冬和铁线莲，适合营造轻松随意的村舍庭院氛围，而紫藤一旦在凉亭上长成定型以后，便会呈现出更加规整的姿态来。

- 火焰铁线莲——详见 28 页。
- 绣球藤——详见 29 页。
- 素方花——详见 31 页。
- "比利时"香忍冬——详见 32 页。
- "瑟诺"香忍冬——详见 32 页。
- 多花紫藤——详见 33 页。
- 紫藤——详见 33 页

小庭院中若隐若现的凉亭，淹没在令人陶醉的花香中，的确能给人留下深刻的印象。

芳香类藤蔓月季和蔓生月季

哪些月季具有与众不同的香味？

很多藤蔓月季和蔓生月季都具有令人心动的特殊香气，下文列举出了一些具有代表性的品种。它们的香型包括苹果和没药，以及茶香月季所独有的芳香——这种香气闻起来就像是刚刚打开的茶包，有些还带有些许柏油的气味。下文所提及的很多月季品种在"藤蔓月季和蔓生月季一览"章节中都曾做过详细介绍（详见 42 ~ 49 页）。另外有些品种我们还会做更进一步介绍。

令人惊叹的芳香

藤蔓月季和蔓生月季所产生的芳香以多变性著称。以下这些具有独特香型的品种都可以尝试去种植。

苹果香型

- "亚历山大吉罗"（详见 43 页）——具有浓郁的苹果香气。
- "奥古斯特热维斯"——具有浓郁的苹果香气。这种光叶蔷薇型蔓生月季会开出铜黄色和浅橙色，为半重瓣。植株高达 6m。
- "弗朗索瓦"（详见 45 页）——具有浓烈的苹果香。
- "珍珠"——具有清新的苹果和柠檬香气。这种光叶蔷薇型蔓生月季会开出乳白色的花朵，呈四分莲座状，为完全重瓣。植株高达 7.5m。
- "保罗特兰森"（详见 47 页）——具有强烈的苹果香气。
- "勒内安德烈"——具有香甜的苹果香气。这种光叶蔷薇型蔓生月季会开出淡杏黄色略带粉色的小花，花朵略呈杯状。植株可长至 5.4 ~ 6m 高。

丁香香型

- "粉红诺易瑟特"藤蔓月季（详见 47 页）——具有浓郁的丁香香味。

果香型

- "阿尔贝里克（详见 42 页）——具有清新的果香。
- "新曙光"（详见 47 页）——具有水果的芳香。

柠檬香型

- "勒沃库森"（详见 46 页）——具有独特的柠檬芳香。

麝香型

- "爱梅维贝尔"（详见 42 页）——具有独特的麝香香气。

没药香型

- "风采连连看"（详见 44 页）——具有强烈的没药香气。

- "什罗普郡少女"（详见 48 页）——具有没药香气。
- "圣斯威辛"（详见 48 页）——具有强烈的没药香气。

柑橘香型

- "花环"（详见 48 页）——具有浓郁的柑橘香气。
- "蓝蔓"（详见 49 页）——具有浓郁的柑橘香气。
- "婚礼日"（详见 49 页）——甜香中带有一丝柑橘的芬芳。

柑橘香蕉混合香型

- "弗朗西斯·莱斯特"——具有浓郁的柑橘和香蕉的混合甜香。这种蔓生月季会开出单瓣的红色和白色小花。植株可长至 3.6 ~ 4.5m 高。

芍药香型

- "热尔布玫瑰"（详见 45 页）——具有怡人的芍药芳香。

樱草香型

- "阿德莱德奥尔良"（详见 42 页）——具有微妙的樱草香味。
- "菲利斯黛·佩彼特"——具有微妙的樱草香味。这种长绿蔷薇型蔓生月季会开出大簇乳白色小花。植株可长至 4.5 ~ 6m 高。

覆盆子香型

- "和风"（详见 49 页）——具有沁人心脾的甜香，中间夹杂着一些覆盆子的香气。

香豌豆香型

- "斯塔科林"（详见 46 页）——具有怡人的香豌豆芳香。

茶香月季香型

- "阿利斯特·斯特拉·格雷"（详见 43 页）——具有强烈的甜香和茶香月季的芳香。
- 攀藤 "希灵顿夫人（详见 44 页）——具有怡人的茶香月季芳香。

令人惊叹的芳香（续）

- 藤蔓"马美逊的回忆"（Souvenir de la Malmaison）——具有怡人的茶香月季芳香。这种波旁型的藤蔓月季会开出球状的红色和白色花朵。植株可长至约3.6m高。

- "格拉汉托马斯"（Graham Thomas）（详见49页）——散发着茶香月季的特有芳香，花朵为黄色。

散发甜香的藤蔓月季和蔓生月季

"桑德白"（Sander's White Rambler）

- "艾伯丁"（详见43页）——具有浓烈的甜香。
- "第戎的荣耀"（详见45页）——具有沁人心脾的甜香。
- "金阵雨"（详见45页）——具有怡人的甜香。
- "金尼"（详见45页）——具有浓烈的甜香。
- "凯瑟琳哈洛普"（详见46页）——具有浓郁的甜香。
- "卡里埃夫人"（详见46页）——具有浓烈的甜香。
- "五月金花"（详见46页）——具有浓烈的甜香。
- "美人鱼"（详见47页）——具有浓烈的甜香。
- 蔓生"校长"（详见48页）——具有怡人的甜香。
- "桑德白"（详见48页）——具有清新怡人的甜香。

芳香月季的运用

美化墙壁：
- "阿德莱德奥尔良"——详见42页。
- "爱梅维贝尔"——详见42页。
- 藤蔓"希灵顿夫人"——详见44页。
- "弗朗索瓦"——详见45页。

装扮藤架：
- "阿尔贝里克"——详见42页。
- "艾伯丁"——详见43页。
- "弗朗索瓦"——详见45页。
- "蓝蔓"——详见49页。

装扮立柱和三脚架：
- "金阵雨"——详见45页。
- "勒沃库森"——详见46页。
- "五月金花"——详见46页。

装扮拱门：
- "阿尔贝里克"——详见42页。
- "艾伯丁"——详见43页。
- "弗朗索瓦"——详见45页。
- "蓝蔓"——详见49页。

覆满月季的观景台

拥有悠久历史传统的观景台是庭院里的独特景观，特别是当它所在的位置拥有开阔的视野时。我们通常会选用散发香味的藤蔓植物来美化观景台，但实际上，月季也非常推荐使用，而且用它来装饰观景台的传统自古便有之。蔓生月季具有恣意生长的特性，且花朵聚集，它是用来美化观景台的理想植物。

打造属于自己的观景台

如果想让自己的观景台能够同庭院的其他部分融为一体，而不是看起来就像是一座简陋的戏台或废弃的巴士站台，那么你就得仔细规划一番了。无论设计多么精巧独到，建筑本身的结构必须牢固，包括地基和立柱。如果建造过程超出了你的能力范畴，不妨将你喜欢的风格绘成草图，然后交给专业建筑公司来进行。

藤蔓植物和墙面灌木的植物搭配

如何让不同的植物完美组合?

为了营造出更加美观的效果，我们可以将不同的植物进行巧妙地组合搭配。要做到这一点并不困难，惹人喜爱的花卉集锦以及引人注目的观赏树叶都能轻松达成这个要求。将植物组合搭配也有助于季节性景观的延续。在本节以及后面的篇幅中，我们将会介绍一些成本不高但又效果卓越的藤蔓植物和墙面灌木的搭配。

色环

最简单的色环由六种颜色组成，分别是红色、紫色、蓝色、绿色、黄色和橙色。相对的两种颜色之间具有互补性，相邻的颜色可以产生协调的组合。

藤蔓植物和墙面灌木的混合搭配

藤蔓植物和墙面灌木的组合方式多种多样，很多截然不同的品种也可互补协调。以下几种方案可以尝试。

大花铁线莲

- "海浪"铁线莲搭配台尔曼忍冬。前者在初夏、初秋和晚冬时会开出深蓝色花朵，花蕊为乳白色，十分惹眼。台尔曼忍冬则会在初夏和中夏开出聚生的红黄色花朵；它需要种在向阳的墙壁边上。

- 倘若想得到大花铁线莲的双重组合，不妨尝试一下"蓝珍珠"（花朵呈淡蓝色，略带淡粉紫色）加上"里昂村庄"（花朵为亮胭脂红色，花蕊为金色）的搭配。

- 在靠墙种植的紫藤边上，不妨种上"海浪"铁线莲，这样其深蓝色的花朵就可以和散发着香气的淡紫色紫藤花朵交相辉映。

大小和形状对比

定植的花卉如果能够在大小和形状的对比上相互接近，那么就很容易吸引人们的眼球。如上图所示，"蓝珍珠"铁线莲具有亮蓝色的花朵，而紫花柴胡的叶片为海绿色，花朵为黄色，这样就构成了对比强烈的组合。

↗ "里昂村庄"铁线莲拥有亮胭脂红色的大花，花朵边缘一圈微染红色。它可以和忍冬构成令人印象深刻的色彩组合。

↗ 丰花型月季"格拉姆斯的伊丽莎白"拥有橙红色的花朵，而"冰姣"铁线莲会开出珍珠白色和淡紫色的花朵，它们种在一起显得优雅又高贵。

↗ 将色彩鲜艳的铁线莲，譬如花朵呈深紫色的品种，种在落叶的"金边"红瑞木间，与后者杂色的叶片形成了奇妙的组合搭配。

藤蔓植物和墙面灌木的混合搭配（续）

不同铁线莲品种的运用

- 可在春季开花的落叶灌木皱皮木瓜边上种植耐寒落叶的金毛铁线莲，前者的花朵颜色为深红色或粉色，而后者则会在初夏至中夏时开出白花。

- 在生长旺盛的紫葛葡萄前面种上甘青铁线莲，这样可以打造出大叶藤蔓植物和黄花铁线莲的绝佳组合。一到秋季，紫葛葡萄圆形带裂状的叶片会变化出丰富的色彩来，恰好衬托出甘青铁线莲在晚夏至初秋时开出的深黄色花朵。

- 如果想让春季更灿烂，可在墙壁的背阴一侧，种上高约1.2～1.5m的"弗朗西斯·里维斯"铁线莲，让其枝干顺着墙壁攀爬至向阳侧。在向阳一侧可种上落叶灌木"重瓣"棣棠花。前者中春和晚春时开出的蓝紫色花朵，可以和棣棠花开出的橙黄色花朵和谐搭配，后者通常又被戏称为"单身汉按钮"。

冬季开花的素馨属

- 可将常绿型灌木北美十大功劳种在迎春花的前面。后者的黄色花朵可以和前者在冬季变为铜红色的冬青状叶片，形成强烈的对比。

- 在冬季背阴的墙壁旁边种上迎春花，前面种上粉色的欧石南。会开出深粉色花朵的"斯普林伍德粉"无疑是很好的选择。

- 在冬季背阴的墙壁旁边种上迎春花，前面种上茶梅。茶梅的粉色花正好衬托了迎春花的黄花。

- 迎春花和平枝栒子的组合搭配可参考66页。除了覆满墙壁外，它们也适合种在1.4～1.5m高、表面粘有碎石的普通墙壁底部，这样它们可以一路生长至顶部。

↗ 杜兰铁线莲是美丽的杂交品种，会开出深蓝色的花朵，花蕊为黄色，中心成簇，花期几乎贯穿整个夏季。它可以和野蔷薇形成很好的搭配，后者的花朵为单瓣白色，有芳香。

↗ 大花铁线莲"爱丁堡公爵夫人"在初夏时会开出大朵重瓣的白色花朵，花瓣微微泛着绿色，带香气。它可以和"格拉斯奈文"皱波花茄很好地搭配在一起。

烘托和谐气氛的铁线莲

除了形成强烈的颜色对比外，铁线莲也可以用来烘托富有魅力的和谐氛围。以下的图示为三种不同的组合方式。

"和风"拥有大量芬芳的玫瑰粉色花朵，当它和花朵为深红色的大花型杂交铁线莲"倪欧碧"种在一起时，绝对能让人眼前一亮。

"茉莉亚夫人"铁线莲的花朵为玫瑰红色，直径可达13cm，蔓生月季"美国支柱"拥有单瓣的亮粉色花朵，二者种在一起相得益彰。

意大利铁线莲在中夏和初秋时会开出紫色、紫红色和蓝色的花朵。它们可以和渥太华小檗和谐地搭配在一起，后者属于落叶灌木，绿色叶片为圆形或卵圆形。

藤蔓植物和墙面灌木的混合搭配（续）

芳香墙面灌木的组合

- 在中冬至晚冬开花的蜡梅旁边搭配郁香忍冬，前者会开出散发辛香味道的花朵，花瓣为黄色，中心带紫色；后者属于部分常绿灌木，中冬至初春时开乳白色的花朵，带有浓郁的芳香。

秋色类组合

- 将落叶灌木日本小檗种在花叶地锦前面，可以形成美妙的秋色"二重奏"。到了秋季，小檗的叶片会变得通红，正好可以衬托花叶地锦的叶片。
- 让紫葛葡萄攀爬至桦木的白色枝干上，其圆形带裂的绿色叶片到了秋季就会变得色彩绚丽，从而形成奇妙的颜色对比。

忍冬属

- "比利时"香忍冬在晚春和初夏时会开出紫红色和黄色的甜香花朵，它是搭配蔓生月季"艾伯丁"的完美伴侣。后者拥有浅橙红色的芬芳花朵。除了"艾伯丁"外，我们也可以选择硕苞蔷薇和忍冬进行组合，这种植物拥有单瓣白色的大花，花朵直径可达10cm。硕苞蔷薇原产于中国的华东地区，适合种在温暖避风的墙边。

一年生藤蔓植物的组合

- 一年生的香豌豆生长旺盛，可以用藤条或竹棍作为支撑，

前面再种上浓密成丛的长有细长紫色花束的超级鼠尾草，即可打造出绝美的景观。记住要选择开深紫色花的香豌豆品种。

常春藤属

- 在墙边或独立棚架上种上多种杂色常春藤，就能营造出颇具吸引力的景观。例如，"硫磺心"大叶常春藤就可以和"金边"大叶常春藤搭配，前者深绿色的叶片上夹杂着不规则的嫩黄色条纹，后者具有鲜绿色的叶片，叶片边缘呈浅绿色和乳白色。不过，"硫磺心"的生长速度比"金边"更快，如果不定期修剪的话，前者最终会完全盖过后者。
- 让"马伦戈的光荣"加拿利常春藤与小叶的"金凤花"洋常春藤在墙面上形成亮眼的组合。前者具有深绿色的叶片，叶片边缘呈现银灰色和白色，而"金凤花"随着时间的推移，原本深黄色的叶片会变成黄绿色或浅绿色。
- 大花型的"东方晨曲"铁线莲会开出鲜艳的洋红色花朵，它可以搭配"金心"洋常春藤装饰墙面。"金心"具有亮绿色的叶片，中心带黄色斑点。在有些苗圃里，这种洋常春藤也会被称作"博利亚斯科金"。

↗ 迎春花晚秋至晚春时会开出嫩黄色的花朵，透过平枝枸子的枝干空隙看过去显得异常美丽。

↗ 小叶的"金心"洋常春藤长有亮绿色的叶片，叶片中心带黄色斑点，它可以为落叶的多年生藤蔓植物六裂旱金莲提供巧妙的衬托；后者会开出亮紫色的花朵。

↗ 落叶的狗枣猕猴桃其叶片的末端带有粉色或白色，它可以和智利悬果藤以及"霍尔"忍冬进行搭配，形成令人期待的组合。

藤蔓植物和墙面灌木的背景色彩

除了让藤蔓植物和墙面灌木同其他植物形成巧妙的组合外，我们也可以通过将其定植在带有颜色的墙壁附近，同样能够创造出美丽的观赏景观来。以下是可供选择的一些藤蔓植物和墙面灌木。

红砖墙

可搭配花朵为白色、浅蓝色、银色或柠檬色的植物，譬如：

- 翅果连翘（详见 26 页）：白色
- 木银莲（详见 27 页）：白色
- "匍匐"聚花美洲茶（详见 27 页）：浅蓝色
- 小木通（详见 28 页）：乳白色
- 金毛铁线莲（详见 28 页）：白色
- "冰美人"铁线莲（详见 29 页）：白色
- 长花铁线莲（详见 30 页）：淡樱草黄色
- 冠盖绣球亚种（详见 31 页）：乳白色
- 素方花（详见 31 页）：纯白色
- 忍冬（详见 31 页）：白色至淡黄色
- 星茄藤（详见 32 页）：淡蓝色
- 络石（详见 33 页）：白色
- 紫藤（详见 33 页）：淡紫色

灰石墙

可搭配花朵为深紫色、粉色、深蓝色或红色的植物，譬如：

- 红珊藤（详见 27 页）：深红色
- "硬质"楔叶美洲茶（详见 27 页）：蓝紫色
- "弗朗西斯·里维斯"铁线莲（详见 28 页）：蓝紫色
- "里昂村庄"铁线莲（详见 30 页）：胭脂红色
- 智利钟花（详见 31 页）：玫瑰深红色
- 皱波花茄（详见 32 页）：蓝紫色
- 多花紫藤（详见 33 页）：蓝紫色

白墙

可搭配花朵为黄色、金色或鲜红色的植物，譬如：

- 红萼苘麻（详见 26 页）：鲜红色和黄色
- 小叶金柞（详见 27 页）：黄色
- 蜡梅（详见 28 页）：黄色，花朵中心为紫色
- 东方铁线莲（详见 29 页）：黄色
- 甘青铁线莲（详见 30 页）：黄色
- 阿特拉斯金雀（详见 30 页）：金黄色
- 棉绒树（详见 30 页）：金黄色
- 迎春花（详见 31 页）：亮黄色
- "比利时"香忍冬（详见 32 页）：紫红色和黄色
- 盘叶忍冬（详见 32 页）：金黄色

↗ 小叶的"金凤花"洋常春藤在幼年期会长出深黄色的叶片，它和清香型藤蔓月季"班特里湾"那半重瓣深紫色的花朵搭配在一起，会相互映衬出赏心悦目的美景。

↗ 素方花可以和长瓣铁线莲以及"希德寇特"薰衣草，共同构成极富魅力的搭档组合。长瓣铁线莲的花朵为浅蓝色和深蓝色。具有深蓝紫色花朵的薰衣草，则非常适合种在组合景观的底部，因为它只能长到 45～60cm 高。"希德寇特"的叶片也非常具有吸引力。它的花期可从中夏持续到初秋。

月季的搭配

月季应如何搭配？

运用月季来为庭院打造绮丽的庭院长期景观，这种做法正在变得越来越流行，尤其是针对空间有限的小庭院。举例来说，院门两侧的院墙或者篱笆，我们就可以种植不同品种的藤蔓月季，让整个门廊都沉浸在色彩之中。其他带有香味且色彩和谐的植物则可以种在月季周围。在下文中，我们将通过文字和图示对类似的组合进行详细描述。

月季给予的灵感

在 64 ～ 67 页我们用图示和文字的方式介绍了不少藤蔓月季和蔓生月季，但除此之外，下面的这些品种亦是不错的选择：

- 黄木香花，一种蔓生月季，初春和初夏时会开出重瓣杯状的深黄色小花，花朵悬垂成束，它可以同淡紫色的紫藤相互搭配。这两种植物都可以在墙面或藤架上攀爬。

- 蔓生的"鲍比詹姆斯"属于蔷薇型月季，拥有大量半重瓣的乳白色小花。这种月季生长旺盛，很适合用来装扮藤架、沿树干生长，以及遮掩不美观的地方。我们可以在这种月季的根部周围种上一圈开蓝紫色花的紫花荆芥，它的花期会从晚春延续到初秋。蓝、白色的花朵在一起十分协调。

- 现代藤蔓月季"新曙光"拥有闪亮的红粉色花朵，它可以长到约 3m 高，非常适合与"蓝珍珠"铁线莲搭配。这种铁线莲会开出浅蓝色花朵，中间略带淡紫红色，它可以沿着月季的茎干蔓生和攀爬。

- 新式英国月季"风采连连看"既像灌木，同时又具有攀爬的习性。它玫瑰粉色的花朵可以和周围定植的银叶类植物，构成极富吸引力的画面。

- 现代藤蔓月季"欢迎"的植株较为低矮，具有丛生的习性。这种月季会开出大朵杯状的粉色花朵，散发着芬芳，如果在其根部周围种上一圈开淡蓝色花朵的植物，那将会显得特别和谐。除此之外，它也可以同"比利时"香忍冬进行搭配组合。

- 藤蔓月季"金尼"拥有大朵重瓣的黑红色花朵，它的花期主要在初夏，但通常可以重复开花。这种月季很适合搭配忍冬或意大利铁线莲，后者会在中夏和晚夏（有时为初秋）时开出大朵悬垂的紫色、紫红色和蓝色的花朵。

↖ 大花杂交型的"超级杰克"铁线莲会开出深紫色大花，花瓣微染红色，花蕊为金色。它可以和现代藤蔓月季"新曙光"搭配在一起，后者的花朵为亮红粉色。

↗ 开白花的绣球藤和"海伦骑士"月季形成配对。这种月季的明黄色花朵非常适合衬托绣球藤的白花。

月季的背景色

藤蔓植物和墙面灌木可以与墙壁色彩互相搭配，月季同样也可以。如果我们所选择的月季更加适合在藤架上生长，那不妨将藤架的框架漆成与月季花色相匹配的颜色。以下是可以选择的一些搭配组合：

红砖墙

可选择花朵为白色、浅蓝色、银色或柠檬色的月季，譬如：
- "爱梅维贝尔"（详见 42 页）：纯白色
- "阿尔贝里克"（详见 42 页）：乳白色
- "鲍比詹姆斯"（详见 43 页）：乳白色
- "第戎的荣耀"（详见 45 页）：浅黄色
- "勒沃库森"（详见 46 页）：柠檬黄色
- "金梦"（详见 48 页）：浅黄色，微染粉色
- "桑德白"（详见 48 页）：白色
- "婚礼日"（详见 49 页）：乳白色至红色

灰石墙

可选择花朵为深紫色、粉色、深蓝色或红色的月季，譬如：
- "阿德莱德奥尔良"（详见 42 页）：乳粉色
- "欢迎"（详见 43 页）：粉色
- 攀藤 "塞西尔布伦纳"（详见 43 页）：贝壳粉色
- 攀藤 "西薇娅夫人"（详见 44 页）：淡粉色，底部为黄色
- "风采连连看"（详见 44 页）：亮玫瑰粉色
- "热尔布玫瑰"（详见 45 页）：粉色
- "凯瑟琳哈洛普"（详见 46 页）：浅粉色
- "梅格"（详见 46 页）：杏黄粉色
- "新曙光"（详见 47 页）：闪亮红粉色
- "粉红诺易瑟特"（详见 47 页）：淡紫粉色
- "永恒的粉"（详见 47 页）：粉色花朵，花瓣背面为深红色
- "什罗普郡少女"（详见 48 页）：淡淡的粉色，后褪变为白色
- "和风"（详见 49 页）：深玫瑰粉色

白墙

可选择花朵为黄色、金色或鲜红色的月季，譬如：
- 攀藤 "朱墨双辉"（详见 44 页）：深红色
- 攀藤 "希灵顿夫人"（详见 44 页）：杏黄色
- "多头桃红"（详见 44 页）：亮深红色
- "坛寺的火灯"（详见 45 页）：亮橙红色
- "金阵雨"（详见 45 页）：亮黄色
- "金尼"（详见 45 页）：黑红色
- "美人鱼"（详见 47 页）：樱草黄色

↗ 蔓生月季 "阿尔贝里克" 拥有黄色的花蕾，开放以后变成大朵重瓣的乳白色花朵，散发着水果芳香。它非常适合搭配常绿大戟，这是一种草本的多年生植物，具有深蓝灰色的叶片，在温带地区会保持常绿状态，晚春和初夏时会开出硫黄色的花朵。

↗ 香豌豆具有独特的芳香和鲜艳的色彩，它与很多灌丛月季搭配起来都非常协调。

藤蔓蔬菜

藤蔓蔬菜的种类多吗?

红花菜豆是广受欢迎的藤蔓蔬菜,它还会开出颇具吸引力的花朵。这种植物一直是村舍以及其他类型庭院中的常客,除了果实可以食用外,它也可以用于装饰,创造出集绿叶、红花和可食菜豆于一体的浓密屏风。同样可作为蔬菜的菜用豌豆也具有攀爬或蔓生的习性。

红花菜豆很适合作为划分庭院区域的隔离带,同时又很高产。

在庭院中种植红花菜豆

这是一种用途广泛的蔬菜,只要每年的霜冻期一结束,就可以撒播种子。它的支撑方式有以下几种:

- 豆架是最传统的支撑方式,两排木杆向内交叉组成支撑架,杆与杆之间相距45cm,排之间距离30cm。顶部交叉处再放上长杆,稳住竖直的支撑杆。这种豆架很适合作为横跨庭院的防窥视屏风。
- 用3～5根支撑杆搭成的拱顶型豆架,非常适合红花菜豆攀爬生长。这种豆架也有助于在乡村庭院和其他非正式的观赏区域中提高视觉高度,菜豆开花时远远看过去就非常显眼。
- 我们还可以在立杆之间绑上铁丝网,预留5cm宽的网眼,利用网状支撑来打造屏风。屏风需要大约1.8m高,支撑必须牢固,以免夏天因暴风雨而受损。

播种和培育

种植红花菜豆,最轻松便宜的方式当属直接播种。

在晚夏(温带地区)或初夏(寒带地区),播种深度为5cm,播种距离应在距支撑杆底部约7.5cm处。土壤保持潮湿但不能浸水。发芽需要约两周时间。

也可以购买现成的植株,等霜冻期过去以后就马上移栽。

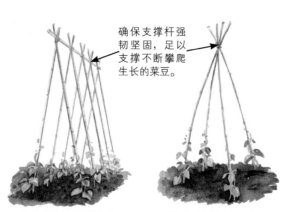

确保支撑杆强韧坚固,足以支撑不断攀爬生长的菜豆。

检查固定支撑杆的线绳,确保其没有松动。

拱顶型豆架很适合迎风的庭院,因为这种构型非常牢固。

食用豌豆

这种豌豆同时具有蔓生和攀爬的习性,栽种时我们可以将细枝插入土中,供低矮型豌豆尤其是早熟品种攀爬,或者用铁丝搭出约1.2m高的网架,用结实的竹竿或木杆作为支撑。

墙边果树

很多受欢迎的木本水果（例如苹果和梨）都可以靠墙种植，将它们种在墙边既可以充分利用小庭院的空间，又可以为它们挡风。在温带种植的桃树以及果皮光滑的油桃，可以种在向阳的墙壁前。不过，树莓、黑莓和杂交莓类（见下文）需要更加开阔的位置，同时也需要用铁线提供支撑。

可以将果树种在墙边吗？

木本水果

广受家庭园艺师欢迎且可以种在墙边或道路两旁的木本水果包括：

- 苹果：可以选择种植矮化砧的 M9 和 M27 品种，挑选一个能充分利用空间的位置来种植（见下文）。也可以在园艺商店里购买不常见的品种。
- 梨：选择木梨砧木品种，长起来以后修剪为篱形或单干形。梨树需要授粉伴侣，可以同时种植三个不同品种，譬如"康弗伦斯""考密斯"和"威廉姆斯"。
- 桃和油桃：可栽种圣朱利安砧木品种，按扇形种植。

节约空间的果树塑形（需要铁线支撑）

- 单干形：具有单一主干的果树，通常以大约 45° 角生长。适合于苹果树和梨树。
- 篱形：两边的侧枝按照等距的层次进行打理。适合于苹果树和梨树。
- 扇形：独特的塑形方式，适合靠墙种植的果树。苹果树和梨树上比较少见，通常多见于桃树和油桃树。

桃树和油桃树尤为适合种在温暖避风的墙边。用铁丝分层支撑。

更多藤蔓水果

很多浆果的生长都需要用分层铁丝做成的框架来支撑，它们既可以种在路边，也可以种在果园里。

- 树莓：需要分层铁丝的支撑框架，高 1.6m，铁丝间距为 30 ~ 38cm。铁丝在高 1.8m 的立柱之间拉紧形成支撑，好让植株得到充足的光照。植株之间间隔 45cm。树莓有"夏季"和"秋季"两种果型（不要混种）。
- 黑莓：用铁丝分别在支撑架的 90cm、1.2m、1.5m 和 1.8m 处拉紧形成支撑。根据品种的生长特性在植株之间预留 1.8 ~ 3.6m 的间距。
- 杂交莓：按照黑莓方式（见上文）进行种植和间距。

在地面上固定牢固的粗壮立柱

铁丝在立柱之间拉紧

肥沃且能保持水分的土壤对于蔗果类水果至关重要。

种植无花果

这种较柔弱的果树原产于中东地区，在温带地区种植时秋季落叶且不完全耐寒，因此需要种在避风的向阳墙壁。栽种时先要将无花果的根部放在深 60cm 的方洞中，洞四周可以用 60cm 高的方木板作为内衬，否则植株的生长会过于旺盛。在方洞的底部填上 23cm 厚的干净碎砖，再在上面铺上营养土，中间掺入骨粉。可选择在初春时种植无花果。分层铁丝搭成的支撑框架非常关键，铁丝的间隔为 30cm，高度为 30cm 至 3m。植株之间的间距设置在 3.6m 左右。

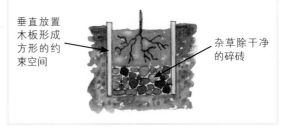

垂直放置木板形成方形的约束空间

杂草除干净的碎砖

规则庭院里的植物

齐整的藤蔓植物有可能存在吗?

很多庭院,尤其是建在密集住宅区中的庭院,通常都是带围墙的规则式庭院。因此在这类庭院里种植的植物,包括藤蔓植物和墙面灌木都必须得符合风格主题。虽然对藤蔓植物没有严格的外形限制,但选择那些不会恣意生长的品种肯定是没错的。很多墙面灌木都有规则整齐的特点,这种规整性可以通过适当的支撑来予以强化,记得要使用平整的木制支撑材料,而非粗糙的立柱。

整齐的墙面灌木

↑ 很多火棘属的植物都可以通过修剪和打理,整齐地覆盖在窗户下方和周围的墙壁上。它们特别适合种在背阴的墙边,而这种地方,一般的藤蔓植物很难存活。

有不少生长习性规则整齐的墙面灌木颇为小巧,适合种在小型庭院里,一年中的大部分时间都能为庭院增光添彩。以下是可供选择的一些品种:

夏季花卉

- 红萼苘麻:常绿型,晚春至初秋之间开深红色和黄色花朵(详见 26 页)。
- 木银莲:常绿型,初夏和中夏之间开白色花朵,有香气(详见 27 页)。
- "匍匐"聚花美洲茶:常绿型,晚春和初夏之间开蓝色花朵(详见 27 页)。

秋色和冬色类植物

- "黄花"薄叶火棘:常绿型,秋季和冬季结亮黄色果实(详见 41 页)。
- "橙光"火棘:常绿型,秋季和初冬时结鲜亮的橙红色果实。
- "拉兰德"欧亚火棘:常绿型,秋季和冬季时橙红色果实会挂满枝头。

整齐的藤蔓植物

藤蔓植物的外观通常比墙面灌木更加不受拘束,因此适用于规则庭院的品种并不太多。不过,用刨平且上色的木料搭建而成的藤架,则有助于增加其规整性。紫藤的生长较为随意,其淡紫色或白色花朵又能整齐地成束悬垂,这种"双重特性"的存在,使之可以同时适用于正式和非正式的庭院。老旧砖石墙上覆盖着蔓生的白花,这一幕堪称惊艳,而整齐藤架上悬垂下来的成片紫藤花又会给人带来完全不同的感觉。如果能将支撑框架刷成灰色,那么紫藤花的美丽又能进一步得到衬托,增加了庄重感。

→ 除了会开出造型独特的花簇,紫藤叶片的颜色到了秋天也会变得鲜艳起来。种植在墙边的紫藤通常长得最好。

整齐的月季

➚ "紫罗兰"是一种蔷薇月季，拥有成簇的深紫红色小花，花朵重瓣，花蕊金黄色，有淡淡的清香。通常情况下，这些花朵颜色会变成极具魅力的褐红色，与深绿色的叶片搭配起来非常协调。这种月季具有蔓生习性，但植株并不大，可长至3.6m高，适合用来装饰小庭院里的金属拱门。

除了装饰墙面，规则庭院里种植的月季亦可做其他用途，譬如装点藤架以及装饰立柱和三脚架。单瓣小花型的月季主要用于营造庄重感；而大花品种则自由烂漫，特别是当花朵完全开放并在大风大雨中摇曳时。在这种情况下，为了不破坏庭院的规则感，小花品种的月季才是最好的选择。

倚墙种植品种

- 藤蔓 "巴黎绒球"（Pompon de Paris）：一种藤蔓的小型月季，多细枝，初夏时会开出大量绒球一般的玫瑰粉色花朵。虽然不会重复开花，但它非常适合种在墙壁和道路之间，只需30cm宽的空间和适宜的土壤即可。这种月季的叶片为灰绿色，高度仅为2.1m。
- "海伦骑士"：这种美丽的月季有时候也被称作"海伦骑士"玫瑰。娇小的叶片似蕨形，初夏时会开出单瓣亮黄色的花朵，直径为3.5cm，有微弱的芳香。植株可以长到约2.1m高；虽然无法重复开花，但它的叶片

可以作为衬托其他植物的靓丽背景。

可装饰藤架的品种

- "美国支柱"：品种较老，而且很多专业人士都在呼吁用新品种来取代它，这款蔓生月季在夏天开出单瓣的深粉色花朵，花瓣上带有白点。
- "多头桃红"：一种具有自由开花特性的蔓生月季，通常在中夏和初秋时开出大簇桃红色的花朵。

➚ "多头桃红"月季

装扮立柱的品种

- "多特蒙德"：可重复开花的美丽藤蔓月季，从初夏起开始开花，开出的红色花朵为单瓣，上面有白点。记得及时剪去枯萎的花朵，从而延长花期。
- "御用马车"：一种耐寒可重复开花的月季，花期始于初夏，花朵为半重瓣的血红色。需要及时剪去枯萎的花朵。

← 无论是单独种植，还是沿着曲折的道路种植，柱状月季都是一道绝美的风景。可以将立柱之间的距离控制在1.8～2.4m，以便于修剪周围的草坪。并且，这样做也可以确保月季周围空气流通性好。

树篱植物

有些藤蔓植物经过打理以后可以作为非正式的树篱,你可以让它自然长成,也可以让它顺着围栏蔓生而成,或者蜿蜒穿过现成的树篱。这些树篱不拘形式,适合搭配在乡村庭院,那里的篱笆通常需要进行装饰,以形成更为美观的环境。有些藤蔓植物,特别是会开出鲜艳花朵的品种,也可以用来装饰在低矮的墙顶上。

"和风"既是一种藤蔓月季,也可以作为树篱来种植,它会开出大量鲜艳的花朵。

可作为树篱的藤蔓植物

忍冬可以顺着铁栏杆攀爬,看起来很像是树篱。

有两种会开出漂亮花朵的藤蔓植物可作为树篱种植,它们分别是:

- 忍冬:生长缓慢的常绿藤蔓植物,通常会长到 4.5m 以上。不过,当用来装饰约 90cm 高的篱笆时,它会长出浓密的叶片,秋夏两季会开出白色至浅黄色的花朵,带有香气。
- 绣球藤:生长旺盛的落叶藤蔓植物,可轻松覆盖大型棚架。晚春和初夏时会开出纯白色的花朵。它也可以装点毫无特色的现成树篱,或者顺着坚实的木栅栏生长。

可作为树篱的两种藤蔓月季

有些藤蔓月季可打造成与众不同的漂亮树篱,例如:

- "什罗普郡少女":这种新式英国月季可作为灌木或藤蔓月季来种植。它会开出半重瓣的肉红色大花,随后颜色会褪变成白色。它可打造成 1.2 ~ 1.8m 高的树篱。
- "和风":波旁型藤蔓月季,具有深玫瑰粉色的芳香花朵。可打造成 1.8 ~ 2.4m 高的树篱。

装点矮墙的多叶藤蔓植物

如果你的庭院里有一面不雅观的矮墙,或者一排结实但却毫无特色的老旧尖桩篱笆栅栏,不妨考虑在旁边种上耐寒的落叶藤蔓植物,如"紫叶"葡萄,让它的叶片装点矮墙或篱栅,使其重新恢复生机。这种植物又大又圆的紫红色叶片到了秋天会变成深紫色,然后掉落。另外,它还会结出紫褐色的果实。

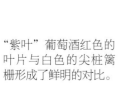

"紫叶"葡萄酒红色的叶片与白色的尖桩篱栅形成了鲜明的对比。

乡野树篱

我们可以采用组合的方式,让藤蔓植物参与到乡野树篱的规划中来,譬如山楂属、绵毛荚蒾和欧洲枸骨搭配栓皮槭。像忍冬这样的藤蔓植物可以种在树篱底部周围的小块区域,然后顺着树篱蔓生。在半乡村地区,我们可以使用"比利时"香忍冬和"瑟诺"香忍冬——这两种忍冬的相关描述可参考第 32 页。

白藤铁线莲属于多年生木质藤蔓植物,通常可作为乡野树篱的装饰部分。洋常春藤则是另一种非常受欢迎的选择。

地被植物

包括常春藤在内的很多常绿藤蔓植物，都能覆盖地面；有些植物拥有杂色叶片，还有些植物的叶片可以一直保持绿色。它们既能形成美丽的景观，也有助于抑制杂草的生长，还能为其他植物创造富有吸引力的背景。除了垂直生长外，耐寒且极度茁壮的落叶灌木平枝枸子亦可呈扇形水平生长（见下文），不久就能覆盖地面。

藤蔓植物可以形成地被吗？

常春藤地被

"硫磺心"大叶常春藤拥有巨大显眼的叶片　"三角"大西洋常春藤拥有终年常绿的叶片　"金边"大叶常春藤拥有巨大的叶片　"金心"洋常春藤具有色彩鲜亮的小叶片

常春藤属于复原和适应能力都特别强的藤蔓植物，有些品种很适合覆盖地面以及装饰其他不雅观的低矮处，譬如砖墙的墙根。以下是可以选择的几种常春藤品种：

- "硫磺心"大叶常春藤拥有深绿色的叶片，叶片上还散落着不规则的亮黄色条纹。
- "金边"大叶常春藤拥有革质的厚叶片，颜色翠绿，边缘为浅绿色和乳白色。
- "金心"洋常春藤拥有亮绿色的小叶，叶片中心有黄色色斑。当种在背阴的区域时，叶片的绿色会变深。
- "三角"大西洋常春藤具有常绿的叶片，叶片带圆形裂片，冬天会微染青铜色。这种地被常春藤在夏季全绿，可作为美丽的背景来衬托彩叶类灌木。

用途广泛的枸子属植物

平枝枸子是一种耐寒的落叶灌木，它那鱼骨状的枝条上长出的绿色小叶，和背靠的白色墙壁形成鲜明的对比，看起来十分赏心悦目。

实际上，这种植物也可以水平生长，它非常适合用来隐藏排水沟和井盖。如果是乡村或其他非规则式庭院，我们可以将其种在距离碎石小道边缘60～75cm的位置，它最终会长满道路边缘。到了秋天，平枝枸子还会缀满富有光泽的红色小浆果。

有不少大叶常春藤都可作为地被种植，成效显著。

平枝枸子非常适合用来掩盖不雅观的排水沟和井盖。

铁线莲地被

铁线莲具有令人惊讶的适应性，除了在棚架上攀爬，有些铁线莲也能作为色彩鲜艳的地被，它们特别适合用于遮盖低矮的树桩。以下是可以选择的几类品种：

- 火焰铁线莲：具有攀爬习性，晚夏至中秋之间开出的白花带有山楂的香气。
- 朱莉安娜铁线莲：类似灌木，晚夏和初秋时会开出白至灰蓝色的花朵。
- 长花铁线莲：晚夏和初秋时会开出淡黄色的花朵。
- 齿叶铁线莲：晚夏和秋季时会开出浅浅的黄绿色花朵，花蕊为紫色。
- 甘青铁线莲：叶片为灰绿色，晚夏至中秋期间会开出灯笼形状的深黄色花朵。
- 白藤铁线莲：秋天会开出青白色的花朵，尔后结出大量闪闪发光的丝状种穗。

小庭院美化

有适合种在小庭院的藤蔓植物吗?

很多开花和多叶的藤蔓植物都适合种在小庭院里,灌木和月季亦是如此。有些植物可以通过组合形成富有吸引力的景观(详见64~67页),又或者单独种植,凭借色彩和形态取胜。不要种植那些会将庭院淹没在叶片"海洋"中的藤蔓植物,特别是不要在边界附近种植,以免这些植物将来会侵入邻居的庭院。另外,处理这些生长旺盛的叶片也会成为一个大问题。

适合小庭院的藤蔓植物

- 木通(详见 26 页)
- 金毛铁线莲(详见 28 页)
- 火焰铁线莲(详见 28 页)
- "幻紫"铁线莲(详见 28 页)
- "弗朗西斯·里维斯"铁线莲(详见 28 页)
- 长瓣铁线莲(详见 29 页)
- "冰美人"铁线莲(详见 29 页)
- "科尔蒙迪利女士"铁线莲(详见 29 页)
- "繁星"铁线莲(详见 29 页)
- 东方铁线莲(详见 29 页)
- 甘青铁线莲(详见 30 页)
- "里昂村庄"铁线莲(详见 30 页)
- 智利钟花(详见 31 页)
- "比利时"香忍冬(详见 32 页)
- "瑟诺"香忍冬(详见 32 页)
- 西番莲(详见 32 页)

长瓣铁线莲

适合小庭院的墙面灌木

- 翅果连翘(详见 26 页)
- 红萼苘麻(详见 26 页)
- 小叶金柞(详见 27 页)
- 红珊藤(详见 27 页)
- 木银莲(详见 27 页)
- "硬质"楔叶美洲茶(详见 27 页)
- "匍匐"聚花美洲茶(详见 27 页)
- 蜡梅(详见 28 页)
- 棉绒树(详见 30 页)
- 丝缨花(详见 31 页)
- 迎春花(详见 31 页)
- 络石(详见 33 页)

木银莲

一年生藤蔓植物

有不少多花的藤蔓植物都很适合种在小庭院中(详见 34~35 页)。

- "多泡"红马刺莲
- 圆叶牵牛
- "天蓝"三色牵牛
- 香豌豆
- "珠宝混搭"冠子藤
- "混合"金鱼藤
- 翼叶山牵牛
- 旱金莲

适合小庭院的藤蔓月季和蔓生月季

- "阿德莱德奥尔良"(详见 42 页)
- "爱梅维贝尔"(详见 42 页)
- "阿利斯特·斯特拉·格雷"(详见 43 页)
- "欢迎"(详见 43 页)
- 藤蔓"朱墨双辉"(详见 44 页)
- 藤蔓"西薇娅夫人"(详见 44 页)
- 藤蔓"希灵顿夫人"(详见 44 页)
- "风采连连看"(详见 44 页)
- "多头桃红"(详见 44 页)
- "坛寺的火灯"(详见 45 页)
- "热尔布玫瑰"(详见 45 页)
- "金阵雨"(详见 45 页)
- "凯瑟琳哈洛普"(详见 46 页)
- "勒沃库森"(详见 46 页)
- "五月金花"(详见 46 页)
- "新曙光"(详见 47 页)
- "永恒的粉"(详见 47 页)
- "金梦"(详见 47 页)
- "什罗普郡少女"(详见 48 页)
- "圣斯威辛"(详见 48 页)
- "和风"(详见 49 页)

  备注:这些月季的高度范围为 2.4~4.5m。

风采连连看

色彩组合

很多藤蔓植物、墙面灌木以及藤蔓月季和蔓生月季都拥有色彩丰富的花朵，从白色、黄色、红色、粉色，再到蓝色和紫色，还有不少混合色。以下按照花朵颜色进行简单归类，以便快捷轻松地选择植物。对于带有漂亮叶片的藤蔓植物，我们在 36 ~ 37 页做过介绍，而秋叶类植物的信息则可以参考 38 ~ 39 页。

何谓植物的色调？

按花朵的颜色分组

白色	黄色	红色和粉色	蓝色和紫色	混合色彩
藤蔓植物	**藤蔓植物**	**藤蔓植物**	**藤蔓植物**	**藤蔓植物**
• 小木通（详见 28 页）	• 东方铁线莲（详见 29 页）	• "里昂村庄"铁线莲（详见 30 页）	• "弗朗西斯·里维斯"铁线莲（详见 28 页）	• "幻紫"铁线莲（详见 26 页）
• 金毛铁线莲（详见 28 页）	• 长花铁线莲（详见 30 页）	• 智利悬果藤（详见 34 页）	• 长瓣铁线莲（详见 29 页）	• "繁星"铁线莲（详见 27 页）
• 火焰铁线莲（详见 28 页）	• 甘青铁线莲（详见 30 页）	• 智利钟花（详见 31 页）	• "科尔蒙迪利女士"铁线莲（详见 29 页）	• "比利时"香忍冬（详见 30 页）
• "冰美人"铁线莲（详见 29 页）	• 盘叶忍冬（详见 32 页）	**墙面灌木**	• 电灯花（详见 34 页）	• "瑟诺"香忍冬（详见 30 页）
• 绣球藤（详见 29 页）	**墙面灌木**	• 红珊藤（详见 27 页）	• 圆叶牵牛（详见 34 页）	• 西番莲（详见 30 页）
• 中亚木藤蓼（详见 30 页）	• 小叶金柞（详见 27 页）	**月季**	• "天蓝"三色牵牛（详见 34 页）	**墙面灌木**
• 冠盖绣球亚种（详见 31 页）	• 阿特拉斯金雀（详见 30 页）	• "艾伯丁"（详见 43 页）	• 皱波花茄（详见 32 页）	• 红萼苘麻（详见 24 页）
• 素方花（详见 31 页）	• 棉绒树（详见 30 页）	• "亚历山大吉罗"（详见 43 页）	• 多花紫藤（详见 33 页）	• 蜡梅（详见 26 页）
• 络石（详见 33 页）	• 迎春花（详见 31 页）	• "欢迎"（详见 43 页）	• 紫藤（详见 33 页）	
墙面灌木	**月季**	• 藤蔓"塞西尔布伦纳"（详见 43 页）	**墙面灌木**	
• 翅果连翘（详见 26 页）	• "阿利斯特·斯特拉·格雷"（详见 43 页）	• 藤蔓"朱墨双辉"（详见 44 页）	• "硬质"楔叶美洲茶（详见 27 页）	
• 木银莲（详见 27 页）	• 藤蔓"希灵顿夫人"（详见 44 页）	• 藤蔓"奥朗德之星"（详见 44 页）	• "匍匐"聚花美洲茶（详见 27 页）	
月季	• "第戎的荣耀"（详见 45 页）	• 藤蔓"西薇娅夫人"（详见 44 页）	• 星茄藤（详见 32 页）	
• "爱梅维贝尔"（详见 42 页）	• "金阵雨"（详见 45 页）	• "风采连连看"（详见 44 页）		
• "阿尔贝里克"（详见 42 页）	• "勒沃库森"（详见 46 页）	• "多头桃红"（详见 44 页）		
• "鲍比詹姆斯"（详见 43 页）	• "五月金花"（详见 46 页）	• "弗朗索瓦"（详见 45 页）		
• "卡里埃夫人"（详见 46 页）	• "美人鱼"（详见 47 页）	• "金尼"（详见 45 页）		
• 蔓生"校长"（详见 48 页）		• "新曙光"（详见 47 页）		
• "桑德白"（详见 48 页）		• "和风"（详见 49 页）		
• "婚礼日"（详见 49 页）				

月季的颜色

月季花朵的颜色经常会发生变化，不同的观赏者也会有不同的欣赏标准。自然褪色以及不同时间光照强度变化都会导致颜色改变和观赏者观感的改变。对于花朵的颜色，我们每个人都有自己的看法，特别是当不同的色调彼此融合以后。因此，上文按颜色的归类只能作为参考之用。

病虫害

几乎所有的藤蔓植物和墙面灌木都躲不过害虫和病菌的侵害，不过相较之下，木本和多年生的品种更不容易受到影响。一年生藤蔓植物最容易受到蛞蝓、蜗牛以及蚜虫和毛虫的破坏。藤蔓月季和蔓生月季也会沦为害虫和病菌的牺牲品；有些病菌譬如黑斑病对于月季危害堪称毁灭。忍冬同样难以幸免，蚜虫会啃食它的花朵和嫩枝。

蚜虫

蚜虫会吸食植物的汁液，导致植物出现花斑和畸变。蚜虫还会在植株之间传播病毒，它们通常聚集在叶片下方或叶柄周围。只要有蚜虫出现，我们就需要马上喷洒杀虫剂。幼苗、柔弱的一年生植物以及草本藤蔓植物，都特别容易受到蚜虫的攻击。

黑斑病

黑斑病是一种真菌导致的月季感染，通常表现为叶片上出现难看的黑点。如果感染严重，斑点会合并变大，颜色变深，一般从嫩叶开始。一旦出现黑斑病的迹象，必须马上对叶片喷洒杀真菌剂。另外及时清理并烧掉掉落的感染叶片，以避免疾病扩散开来。

毛虫

毛虫是蛾子和蝴蝶的幼虫。它们寄生在园艺植物上，会一路吃掉柔嫩的枝干、花朵和叶片。成虫通常无害，而且园艺师们也乐于看到它们的存在。我们可以将毛虫直接捏走，或者当出现大量并有破坏迹象出现时喷洒专门的杀虫剂。

金龟子

金龟子通常在五六月出现，其成虫和幼虫都会破坏植物。金龟子成虫出现于初夏和中夏，以植物的花朵和叶片为食。它的幼虫呈乳白色，长约 30mm，一般呈蜷缩状。这些幼虫生活在土壤中，会破坏植物的根茎。如果有发现破坏迹象，就要挖开土壤，将幼虫翻出来除掉。另外也可以向叶片上喷洒杀虫剂。

泡沫

这种白色的泡沫中封存着被称为沫蝉的害虫。沫蝉会破坏很多种园艺植物，导致叶片变畸形。它们通常出现在晚春和初夏。而这种白色的泡沫由若虫产生，用来保护自己不被鸟类和其他捕食者吃掉。可以直接用强劲的水流冲去泡沫，也可以喷洒杀虫剂。

蠼螋

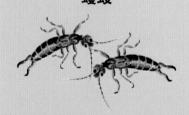

蠼螋是一种广泛存在的害虫。它们会爬到植物上，破坏嫩芽、叶片和花朵。它们特别喜欢阴暗隐蔽的场所，例如植物和墙体之间。发现时可以直接将它们清理，也可以用塞了杂草的罐子来诱捕它们，每天早晨将其清理掉。当然，我们也可以喷洒杀虫剂。

叶蝉

叶蝉是蚜虫的近亲，它们会导致叶片尤其是月季的叶片出现苍白的斑驳区域。植株的生长会受到抑制，叶片也会变得扭曲；如果损伤加剧，叶片甚至会掉落，特别是在天气干燥时。叶蝉幼虫在叶片背面取食，受到惊扰时会跳起来飞走。除了破坏植物，它们还会传播病毒。可以喷洒内吸杀虫剂。

红蜘蛛

红蜘蛛会导致叶片表面出现古铜色斑块，它们会在叶片背面结网。在墙面灌木庭院中，它们最有可能出现在苹果树和梨树这样的果树上。这些害虫非常微小，身体呈铁锈红色，有四对足，只有用放大镜才能看得到。潮湿的天气有助于减少它们的数量。我们可以在夏季使用专用的化学药剂来多次喷洒植株。

月季锈病

月季锈病非常常见，又难以根除。它会导致叶片的背面出现橙色肿胀点，非常不美观。在晚夏时，这些肿胀部位会变黑，新芽则会变得微红和枯萎。需要定期向植物喷洒药物，尤其是当庭院里虫害问题严重时。初夏时给植物浇灌一些肥料也有助于保持植物的健康。

月季白边蚧

月季白边蚧通常多发于树龄较高且疏于管理的植株上，看上去就像是茎干上长出了聚集的鳞屑。白边蚧会导致月季变得虚弱且不美观。当轻度感染时，可以用外用酒精擦掉虫子，或者使用内吸杀虫剂。当感染严重时，可直接剪掉感染的枝条并烧毁。

蛞蝓

蛞蝓具有非常强的破坏性，它们可以在较短时间内毁掉成片植株，尤其是那些刚长出嫩芽和嫩叶的植株。潮湿温暖的天气下，蛞蝓最为活跃，它们会吃掉叶片、茎干和枝条。它们主要在晚上进食，因此不太容易发现。我们可以使用蛞蝓诱饵来诱捕，但要确保家庭宠物和野生动物无法接触到这些诱饵。

蜗牛

蜗牛和蛞蝓一样，都属于夜行性的害虫，特别是在温暖潮湿的天气中。它们会吃掉植物的叶片和茎干。如果发现了蜗牛，就必须得马上将其除去。另外也可以按照诱捕蛞蝓的方法用诱饵来诱杀蜗牛。蜗牛通常会在阵雨过后成群出现。

铁线莲枯萎病

这种致命病害有时候也被称为顶梢枯死，大花杂交型铁线莲尤其容易患枯萎病。虽然这是一种易发疾病，但目前还没有真正有成效的救治方法。相比之下，普通种和小花杂交型铁线莲则不太容易染病。另外，根植的植株也比嫁接的植株更不易感。

受到感染的铁线莲会莫名地突然枯萎，被侵袭的部位一般位于土层表面处的根部。枯萎的植株极少能够康复，但在枯萎区域的下部有时候还会长出嫩枝。我们可以剪掉枯萎的枝条，在春季喷洒杀真菌剂，同时施肥以促进新苗生长。

"繁星"铁线莲是一种很受欢迎且被广泛种植的大花品种，它有时候会患上铁线莲枯萎病。

剪枝——庭院常见植物修剪

[英] 大卫·斯夸尔（David Squire） 著

欧静巧 译

　　本书在介绍植物剪枝入门知识的基础上，讲解了包含灌木、乔木、藤蔓植物在内的上百种植物，以及绿篱、花篱、针叶树、植物拱门和隧道、林木造型、各类月季与常见水果的修剪方法。

　　本书以丰富的图片和详细的说明，向读者提供了对园林植物从幼苗期到成熟期整个生长阶段的修剪建议。还为翻新无从下手的荒芜庭院提供了令植物起死回生、让庭院焕发生机的详细建议。

红砖造景实例——专为露台和小庭院设计

[英] 艾伦·布里奇沃特　吉尔·布里奇沃特（A.&G.Bridgewater）著

李函彬 译

　　本书主要介绍如何使用砖石等材料打造花园景观，分为两部分内容。第一部分为技能篇，包括设计与规划、工具、材料、地基、混凝土和砂浆等 11 个打造花园需要做的准备，不仅有详细的图例展示，还有各种工具的使用说明。第二部分为案例篇，包括花境砖缘、乡村风步道、花草庭院、储物凳椅、经典圆形池塘等 16 个实用案例，每个案例都有详细的建造步骤和施工图片，能帮助读者轻松打造出属于自己独特风格的花园。

　　本书适合所有园艺爱好者和想打造自己庭院的人阅读。

全球庭院空间设计鉴赏

[西] 玛卡雷娜·阿巴斯卡（Macarena Abascal）著

徐阳 译

　　从古至今，花园都是城市重要的组成部分。它是重现自然的一种方式，让绿色近在咫尺，让我们品味自然，欣赏美景，体验四季变换。本书精选世界各地景观设计师和建筑师倾心打造的小型庭院设计项目，这些项目大部分位于城市，展示了即便空间有限也不妨碍在家中感受自然的理念。露台、庭院、室内花园、垂直花园，展示形式丰富多彩。每一个项目都满足了主人的特定需求，注入了独有的个性，同时有一条主线贯穿全书：设计均以尊重自然规律、保护环境为宗旨。